U0386643

中央高校基本科研业务费资助项目"5TU科技伦理研究"（DUT14RW303）阶段性成果
国家社会科学基金重大项目"高科技伦理问题研究"（12&ZD117）阶段性成果

大连理工大学科技伦理与科技管理研究中心

科技伦理与科技管理文库

技术的功能：
面向人工物的使用与设计

〔荷〕威伯·霍克斯　彼得·弗玛斯／著

刘本英／译　王　前／审校

科学出版社

北京

图字：01-2015-1191 号

Copyright © Wybo Houkes，Pieter E. Vermaas.

The original English edition published by Springer，2010.

图书在版编目(CIP)数据

技术的功能：面向人工物的使用与设计/（荷）霍克斯（Houkes，W.），
（荷）弗玛斯（Vermaas，Pi. E.）著；刘本英译 . —北京：科学出版社，2015.3
（科技伦理与科技管理文库）
书名原文：Technical functions：on the use and design of artefact
ISBN 978-7-03-043754-9

Ⅰ. ①技…　Ⅱ. ①霍…②弗…③刘…　Ⅲ. ①技术哲学-研究　Ⅳ. ①N02

中国版本图书馆 CIP 数据核字（2015）第 054863 号

丛书策划：侯俊琳　牛　玲
责任编辑：郭勇斌　樊　飞　陈会迎／责任校对：鲁　素
责任印制：徐晓晨／封面设计：黄华斌
编辑部电话：010-64035853
E-mail：houjunlin@mail. sciencep. com

科 学 出 版 社出版
北京东黄城根北街 16 号
邮政编码：100717
http://www.sciencep.com

北京凌奇印刷有限责任公司印刷
科学出版社发行　各地新华书店经销
*
2015 年 4 月第 一 版　开本：720×1000 1/16
2021 年 1 月第四次印刷　印张：11 3/4
字数：300 000
定价：79. 00 元
（如有印装质量问题，我社负责调换）

丛书编委会

顾　问　刘则渊

主　编　洪晓楠

副主编　王　前　丁　堃　王国豫

编　委　（以姓氏笔画为序）
　　　　丁　堃　王　前　王子彦　王国豫
　　　　文成伟　西　宝　杨连生　陈超美［美］
　　　　郑保章　姜照华　洪晓楠　戴艳军

总序

　　进入 21 世纪以来，伴随着经济全球化的加速和知识经济时代的到来，科学研究与社会经济的联系比其他任何时候都更加紧密，日益呈现出职业化、社会化的发展趋势，科学研究的意义已显得不再像以前那样纯粹。在市场经济环境下，不少科学技术专家受到各种各样的利益诱惑，科学研究追求创造的理念大打折扣。人们在思考当科学技术为人类创造巨大的物质财富和精神财富的同时，科学研究的新成果与新理念对人类社会长期形成的社会伦理与道德底线提出了严峻挑战。科学道德诚信问题成为科学家和社会越来越关注的问题。面对这样的形势，科学共同体应当清醒地认识和分析在经济社会发展对科学技术的依存度如此之大的背景下，科学技术何去，社会经济何从，以及经济社会对科学道德诸多方面的深刻影响[①]。其核心问题是，科学技术进步应服务于全人类，服务于世界和平、发展与进步的崇高事业，而不能危害人类自身。因此，应该加强科学道德建设，强化学术界学术伦理观念，重建学术规范，重申科学伦理底线；大力宣传古今中外科学家的高尚品德和为科学真理而不惜牺牲的精神；在高校开设科学伦理课，通过课程教学真正做到科学伦理从学生抓起，使他们明白遵守科学道德比掌握科学知识更重要。为此，开展科技伦理与科技管理的问题研究与案例分析，对于指导科学伦理道德建设、推动科学技术快速发展具有重要的学术价值和社会价值。

　　现代科技的发展对现有伦理的挑战，也就是所谓的科技伦理是现代科学技术所引发的伦理问题，它包括网络伦理、核伦理、医学伦理、生命伦理、环境伦理（生态伦理）。哲学是一种反思的活动，伦理同样也是一种反思的活动。它们是对已发生的事情进行反思，也是对未来进行前瞻性的探讨。从科技伦理产生的时代背景，我们清楚地意识到，在科技伦理中包含着人类对科技的反思、对自然的反思、对人类自身的反思等。一味地依赖于科学技术（甚至包括经济、法律或其他）而不考虑伦理和哲学层面的话，新问题仍会层出不穷。伦

---

① 韩启德. 科学共同体的科学道德责任. 科技日报，2009-09-08.

理不是阻碍科技的发展，而是越来越融入到科技发展中，成为其中的一个部分。在科技发展中我们要反思自己的生活，反省我们自己该做什么，怎么做，该成为什么样的人。苏格拉底说："未经反省的人生不值得活。"同样，未经反思的科技是不能用来推广、应用和普及的。那么，究竟科技伦理或者说科技伦理学是什么呢？总的来说，也就是围绕人在科学与技术活动过程中科学技术与人、人与人、人对社会、人对自然的行为过程和后果所产生的伦理和道德的学问。总体而言，"科技伦理学主要有四个维度：第一，科技工作者和科技团体内部的道德关系和伦理规范。第二，科技工作者与一般社会、公民、政府等之间的道德关系和伦理规范。第三，科技工作者与非人类的自然环境、生命物种之间的道德关系和伦理规范。第四，科技工作者与作为研究对象的人类个体或群体之间的道德关系和伦理规范"①。正如我国科学技术哲学家刘大椿教授对科技伦理定义所做的概括：科技——"在求真与向善之间"。

科技管理是指通过对管理科学的运用，科技管理主体对科技活动中人力、物力、财力等资源进行分配、决策、组织、控制以取得更大的经济效益的过程。

科技伦理与科技管理不仅相互区别而且相互依存、相互渗透、相互补充、相互制约，两者之间存在着双向互动、辩证统一的关系。科技伦理对科技管理有导向和内化作用，科技管理对科技伦理有强化作用②。基于此，我们从科技伦理与科技管理的内在统一上来开展研究。具体来说，科技伦理基础理论研究主要探求科学伦理、技术伦理、工程伦理、科技伦理教育领域的基本理论问题。科技伦理应用研究主要针对高科技的伦理问题、引发的环境问题和管理问题开展反思和论证，并致力于寻求切实可行的伦理框架，以促进和保障新兴科技的健康和可持续发展。科学技术前沿的伦理治理研究主要围绕辨识和发现的科学技术前沿的伦理问题，从政府、企业、大学、科研机构等组织，以及科学团体、科学家、科技伦理学家、公众等各相关利益主体的不同角度，探索前沿科学技术伦理治理的组织模式与机制、制度模式及实施路径等相关问题。

大连理工大学哲学社会科学创新基地"科技伦理与科技管理研究中心"（以下简称"中心"）自"985工程"二期作为教育部人文社科研究基地建立伊始，尽管主攻方向和各研究方向依托科技哲学与伦理、科学学与科技管理两个学科博士点，探索科学技术前沿问题，带有学科导向的特点，但在申请、承担和完成国家级和省部级科研项目的过程中，逐渐朝适应国家和人民的重大战略

---

① 张国清. 当代科技革命与马克思主义. 杭州：浙江大学出版社，2006.129.
② 戴艳军. 科技管理伦理导论. 北京：人民出版社，2005.78-80.

需求调整转向。突出表现在以下几方面：一是基于技术科学的强国战略与政策研究，先后承担完成这方面直接相关的校级重大项目、中国科学院学部咨询项目和国家自然科学基金项目。二是关于高科技与工程领域的伦理与治理问题研究，先后在中德科学中心资助下举办了中德双边高科技伦理研讨会，获得国家社科基金面上项目"实践有效性视角下的工程伦理研究"、国家社科基金重大项目"高科技伦理问题研究"。三是基于知识图谱的科学发现-技术创新管理与政策研究，先后主持和承担有关这一领域的国家自然科学基金与国家社科基金项目多项课题。这就为本中心以国家重大需求的问题导向调整主攻方向、设计重建研究方向奠定了扎实的基础。

中心自成立以来，围绕"科技伦理与科技管理"相关领域，加强了学术队伍建设，组建了跨学科、高水平的科研团队；加强了人才培养，造就了我国第一批科学学与科技管理学科的硕士、博士人才，特别是培养出我国第一批科学计量学博士，并在哲学与伦理学形成本科生-硕士生-博士生人才培养系列；加强了学科建设，集成现有博士点和硕士点力量，成功申办了哲学一级学科博士点，科技哲学成为辽宁省重点学科；加强了哲学社会科学基础设施建设，建立了有助于原创性研究的相关数据库、案例库和科学计量实验室；借鉴国外先进学术成果与研究方法，加强了国际学术合作与交流；紧密结合我国科学技术与经济社会发展的需要和振兴东北老工业基地的实际，承担了国家及地区科技伦理与科技管理相关领域重大项目，产出了一批高水平的学术成果。举办了重要的国际学术研讨会。

本着沟通交流、成果共享、共同提高的原则，大连理工大学人文与社会科学学部、"985工程"教育部哲学社会科学创新基地、大连理工大学科技伦理与科技管理研究中心特推出"科技伦理与科技管理文库"。这套文库是一套跨越科学伦理与科技管理两个研究领域的综合性丛书，具有前沿性、交叉性、哲理性、现实性、综合性的特点，内容主要涵盖科技伦理及其治理问题的综合研究的诸多方面。这套文库是大连理工大学"建设世界一流大学"项目的重要组成部分。我们希望通过这套文库的持续不断的出版和若干年的努力，将中心（研究基地）建设成为在科技伦理和科技管理领域接近或达到国内一流学科水平和国际先进水平的国家级哲学社会科学重点研究基地，使之成为国内外科技伦理和科技管理研究领域的研究中心、信息资源中心和国际学术交流中心。

洪晓楠

2014 年 5 月 18 日

前 言

　　这是一本关于技术人工物的功能的著作，这些人工物是出于实践目的制作而成的实物，涵盖了从阿司匹林药片到协和式客机、从木屐到核潜艇所有这些物体。更准确地说，这是一本关于如何使用和设计人工物，归属于它们的功能有何种意义，以及使用、设计和归属功能之间有何种关系的著作。在随后阐释的内容中，我们详细论述了这些关系是如何密切联系在一起的。我们认为，不考虑人类的信念和行动，就不能恰当地分析技术的功能。

　　这种主张倘若停留在近乎常识的水平上，那是容易使人误解的。毕竟，谁会承认人工物不是出于某种目的而被设计或使用的呢？然而，我们将表明这种意向论主义的主张面临着其他主张的坚决反对，比如那些关注人工物长期重复生产的主张。这些主张部分是正确的，但总体上是错误的——尽管我们最终还要立足于常识，但这是在经过复杂的分析之后的事情。此外，这种分析的结果揭示了技术功能取决于一组比通常估计的还要庞大的、更具结构性的信念和行动。随后介绍的许多研究专注于发展恰当的基于行动理论的主张，并和功能归属建立联系。

　　这将表明人工物和它们的功能对于哲学分析来说，是一个复杂而又有益处的话题。诚然，探讨人工物的功能给哲学家带来的问题，与探讨生物学中的功能的问题是大不相同的。在本书中，我们始终将人工物和它们的功能视为独立的探究话题。这对于同样看待人工物和生物体，或者同等对待所有功能话语的主张来说，是一种含蓄的（有时是明显的）拒斥。有关技术功能的主张，一直被视为有关生物功能的主张的直接推演。我们则表明：一旦技术功能独立成为一个话题，就失去了和生物学的直接联系。

　　我们的主张从根本上说是一种建构。我们从计划的角度建构了有关使用和设计人工物的分析，并且用三个条件为功能归属构建了一个论证。这个结果或所有这些结果，或许会有其替代方案。为了使他人建构这种替代方案成为可能，我们在第 1 章导论中阐述了我们的"设计规范"。超越这些人类需求所赖以存在的（确实是相当基本的）现象是可能的。然后，我们的方案或许不再有用，或许需要更加复杂的建构。

尽管本书包含的所有材料具有原创性，但我们在先前的一系列文章中也提到过这些相关话题。第 2 章中对使用和设计的使用-计划分析，最初发表在《计划的设计和使用》一文中（见 Design Studies 23，2002；与 Kees Dorst 和 Marc J. de Vries 合作）。在《行动与功能的对决》（见 Monist 87，2004）一文中，我们曾给出一个修改过的简略说法，认为它逐渐削弱了形而上学中功能本质主义的观点——该论据在本书第 7 章中进行了详细论述。ICE 功能理论经历了它自己的发展过程。它最初的形式曾经加进了对病原学说的批判性分析，见《将功能归属于技术人工物》（British Journal for the Philosophy of Science 54，2003）。一个更为完善的形式发表在《技术的功能》一文中（见 Studies in History and Philosophy of Science 37，2006）。目前的研究包含了完全成熟的 ICE 理论，该理论与使用-计划分析进行了适当整合。设计中的整合步骤总是很重要，这一点无一例外：从第 1 章所阐述的标准来说，本书第 4 章中的 ICE 理论明显比之前的版本更为成功。

当我们在代尔夫特理工大学做"技术人工物的双重属性"博士后项目时，我们完成了先前的论文和本书的初稿。感谢本项目的其他研究者马腾·弗朗森（Maarten Franssen）、彼得·克洛斯（Peter Kroes）、安东尼·梅耶斯（Anthonie Meijers）、尤纶·德·莱德（Jeroen de Ridder）和马塞尔·舍勒（Marcel Scheele），他们对本书初稿进行了多次评论，并广泛参与了讨论。

在代尔夫特理工大学之外，还有许多人对我们不同发展阶段的想法进行了评论。尤为感激斯蒂法诺·博尔格（Stefano Borgo）、拉里·布奇亚雷利（Larry Bucciarelli）、马西米利亚诺·卡拉拉（Massimiliano Carrara）、兰德尔·迪泼特（Randall Dipert）、基斯·道斯特（Kees Dorst）、斯文·奥维·汉森（Sven Ove Hansson）、菲利普·休曼（Philippe Huneman）、乌尔里克·克罗斯（Ulrich Krohs）、大卫·德·利昂（David de Léon）、蒂姆·路文斯（Tim Lewens）、弗朗索瓦丝·朗吉（Françoise Longy）、詹姆斯·麦考利斯特（James McAllister）、乔·皮特（Joe Pitt）、贝丝·普雷斯顿（Beth Preston）、汉斯·蓝德尔（Hans Radder）、诺伯特·罗森伯格（Norbert Roozenburg）和马尔齐亚·索伊（Marzia Soavi），他们通过口头交流和文字材料做出了回应。斯普林格出版社的两位匿名审读人在我们最终定稿前提供了有益的评论。

荷兰科学研究组织（NWO）的资助，使得这项研究成为可能。

目 录

总序（洪晓楠） ·· i

前言 ··· v

第1章 导论 ··· 1

    1.1 概念上的架构 ···································· 4

    1.2 大纲 ·· 8

    1.3 展望 ·· 11

第2章 使用、设计和计划 ·································· 13

    2.1 人工物与行动 ···································· 13

    2.2 使用的计划 ····································· 15

    2.3 使用中的规划 ···································· 19

    2.4 计划的设计 ····································· 23

    2.5 产品的设计 ····································· 29

    2.6 使用的计划的标准 ································· 32

    2.7 评价人工物的使用与设计 ···························· 36

第3章 功能理论 ··· 40

    3.1 技术人工物的功能理论 ······························ 40

    3.2 意向功能理论 ···································· 44

    3.3 卡明斯的因果-作用功能理论 ·························· 51

    3.4 进化的功能理论 ·································· 54

    3.5 基本理论的结合 ·································· 60

第4章 ICE功能理论 ······································ 70

    4.1 一个针对功能的使用-计划方法 ························ 70

    4.2 功能归属 ······································· 77

    4.3 功能归属的评估 ·································· 82

    4.4 功能的作用 ····································· 86

第5章　功能偶发性失常 ···································· 93

　5.1　人工物的功能偶发性失常现象 ···················· 93

　5.2　具备性能与性能实施的对立 ······················ 98

　5.3　人工物的规范性 ······························· 101

第6章　工程学、科学和生物学 ························· 109

　6.1　无计划的功能归属 ····························· 109

　6.2　工程学 ······································· 113

　6.3　物理学和化学 ································· 118

　6.4　生物学 ······································· 119

　6.5　一个生物学的、广义的 ICE 理论 ················· 122

第7章　人工物的属性 ······························· 127

　7.1　作为概念的"吊桥"的功能 ······················ 127

　7.2　反功能本质主义 ······························· 131

　7.3　计划的相对主义 ······························· 137

　7.4　有用的和人造的材料 ··························· 144

参考文献 ··· 150

中英文对照表 ····································· 160

译后记 ··· 170

第1章 导　论

　　这本书涉及我们身边众多非常普通的物体。这是一些我们在家里、户外或工作场合使用的物体，如茶叶包、电视机、桥梁和芯片等。在本书中，我们把这些物体称为"技术人工物"。通常，这是一些可触摸的、实在的物体，用于偶尔的或寻常的实际目的。通过将这些物体称为"人工物"，我们把它们视为已经被创造的物体，有时是我们自己创造的，但大多数情况下是由他人创造的。我们有时会搭一座供个人使用的便桥，但我们见到的大多数桥梁是由他人建造的。之所以称这些物体为"技术人工物"，是因为我们关注这些服务于我们的实际目的的物体所涉及的技能。我们用材料建造便桥是需要经验的，而其他那些桥梁通常是由一个特定的训练有素的专业团队，即工程师们，来建造的。工程师设计了我们使用的大多数物体，而且有一些仅仅是因为工程师设计了它们才存在的：芯片的发明超出了大多数人的技能，但显然不是所有人。通过关注技术人工物，我们的分析首先排除了一些物体，如法律和组织（"社会人工物"）、雕像和交响乐（"审美人工物"或"艺术品"）、理论和模型（"科学人工物"）。但我们的分析不局限于工程学；本书所涉及的技术人工物要作广义的理解，分析的对象小到日常用品，如茶叶包和电视机，大到技术复杂的物体，如桥梁和芯片。我们的分析是对这一系列物体的整体说明，甚至可能扩展到服务于实际目的的自然物体，如石块和水。简而言之，我们的分析是同有用的材料相关的。

　　在本书中，我们关注那些显现出来的，事实上也正是技术人工物的核心特征，即技术人工物同目的论的紧密联系。对技术人工物的目的论分析的需求并非不言自明。毕竟，人工物长久以来是用目的论的术语描述的，而这些术语在曾经应用过的其他领域里却出现了问题——最明显的当然是在生物学领域——但它们继续用在技术人工物领域，显然令大家满意。哲学审视似乎是不必要的。然而，经过仔细查看，人工物目的论存在的问题要比人们能想到的更多，功能的概念就说明了这一点。从技术的功能方面来描述人工物是最符合常理了：甚至一些人工物种类即使明显没有根据它们的功能命名，也很容易从功能上进行分类。或许有些反例，即不能从功能上进行分类的人工物，但既然很难找到这样的例子，人工物的功能性便是准则。因此，一些哲学家甚至声称功能是人工物必不可少的。然而，尽管普遍强调人工物的功能特征，可到底是由谁和由什么来决定技术功能还没有达成共识。此外，目前要解决这个问题的大多数尝试比较笼统，这里人们提出的问题比解决了的还多。

一个传统的答案是主体的意向确定技术人工物的功能：技术功能的特点在于其预期的效果。但是把这个答案发展成更为完善的理论，即我们所讲的意向功能理论，只能引出进一步的问题：这里涉及哪些主体？每个使用者都能决定他或她所需要的个人功能吗？或者功能设置是那些设计技术人工物的工程师们的特权吗？功能设置是其专业职责的一部分吗？如果是这样，在这些主体的众多意向、愿望和信念中，哪些是和决定功能相关的？另一个传统的答案是罗伯特·卡明斯（Cummins，1975）的功能理论给出的，在该理论中某种物品的功能大致与它对所在系统的因果影响相对应。这一理论，我们称之为因果-作用功能理论，它提出了关于如何挑选出正确的因果影响，将其视为人工物的功能的问题。人工物造成了各种影响，但并非所有的影响都和它们的功能对应。如果说主体的意向选出了功能性的影响，我们就又回到了意向功能理论提出的问题上。此外，人工物有时或许——不幸地——由于没能满足所使用的实际目的而失效，这样的话，卡明斯的理论就不能将并不存在的影响视为"功能偶发性失常"的人工物的功能。第三个不太传统的答案认为意向在很大程度上与决定人工物的功能无关。相反，这些功能是由变异和选择的进化力量塑造的，很像生物世界中的情形那样。事实上，和许多生物体相比，人工物不得不在一个更具竞争力的环境中生存，而技术史——尤其在过去的两个世纪——是一个连续的大规模的人工物灭绝史。毫无疑问，自然领域和人工领域之间有许多相似之处。这种决定功能的方式或许是其中之一，此第三个观点所导出的进化的功能理论①也提出了一些问题，最明显的是关于选择的相关过程以及有目的地设计和使用的存留作用。

这本书的主要章节致力于建立一个完全处在意向主义传统中的有关人工物的功能的新理论。我们将从功能方面探究自然领域和人工领域的相似之处，我们会发现它们不足以推翻这种传统，但足以完善现有的意向效果的主张。为人工物的功能的意向主义辩护，尽管这个观点根深蒂固，却惊人地困难，我们会发现回答那些由意向效果的主张所引发的问题需要纳入因果-作用的和进化的视角的要素。由此产生的功能理论被称为 ICE 理论，这是为了体现对这三个基本概念（意向、因果和进化）的尊敬，同时把意向主义的首字母 I 放在了首位（C 和 E 是"因果"和"进化"的英文词首字母）。但是，尽管我们在决定人工

---

① 在生物哲学和一般的哲学中，这些进化的功能理论更多地被称为原因理论。

物的功能时把优先权给了设计者的意向，我们仅能通过认可一个对设计而言稍显随意、明显不标准的主张来避免前面隐含的问题。因此，发明了第一台助听电话的亚历山大·格拉汉姆·贝尔（Alexander Graham Bell）算是一名设计者，后来的工程师也是一样，他们把电话改造成一般的通信设备，甚至一些有创意的消费者用电话监听熟睡的孩子。

只有首先分析一般意义上的人工物的目的论，我们才能最终成功地平衡最初的设计者、重新设计的工程师和有创意的使用者之间在意向上的优先权。此前关于主体和意向的问题表明，一个准确的技术功能意向理论需要分析这些人工物的使用和设计。我们展现的分析是基于行动理论意义上的，它包含了认识论的一些概念。这项任务涉及一些前沿知识。当然，行动理论是当代哲学中的一个成熟的部分，但据我们所知，只有兰德尔·迪泼特（Dipert，1993，1995）尝试过将它应用于人工物。我们感谢迪泼特的研究为我们的灵感提供了一个重要来源。在我们探索人工物的使用和设计这些不熟悉的领域时，我们借鉴更为普遍的基于行动理论的分析。我们特别采用计划的概念，把它重塑为我们自己所用，从而引出对人工物使用和设计的"使用-计划"分析。

通过关注人工物目的论的现象，本书开辟了一个新的领域。我们的功能理论研究项目在很大程度上被置于一个清晰的——或许有些人说是过于清晰的——哲学辩论中。然而，既然这一领域已有的大部分研究涉及有关生物功能的理解，要建立技术人工物的名副其实的功能理论就需要保持批判的距离和更精细的考虑。相比之下，建构人工物的基于行动理论的分析几乎没有文献可供参考，这要求我们通过更具探索性的分析模式，一步一步去补充典型的分析论据。

在更广泛的意义上，我们意在为人工物的哲学分析提供基础。这一目标可用以下方法实现。首先，最重要的是，我们从研究和分析那些描述人工物的基本概念入手，如"使用""设计""功能"。我们要为把一些概念视为基本概念，而把其余的概念视为次要概念提供论据。

事实上，我们努力的结果之一，是发现功能性对于描述人工物不如想象得那样重要。这就需要改变关注点：为了恰当地理解技术人工物，哲学家和工程师应该考虑涉及这些人工物的意向性行动，而不是仅把它们视为功能性的对象。其次，通过分析和澄清人工物的功能性和目的论，我们考查技术人工物和其他物体之间的直观区别——尤其是人工物和包括生物体在内的自然物体之间的区别。最后，我们表明技术人工物这一领域的一些特征可以由分析哲学中熟悉的术语和主题来解释：我们从合理性和计划的角度分析行动，这就为功能理论提供了背景；我们利用蕴藏在诸如行动理论和认识论这些学科中的资源。这种选择意味着我们主要从规范性的视角，而不是从描述性的视角来研究人工物及其发挥作用的行动。我们不提供有关人们实际上如何使用或设计人工物的理论，或是他们事实上如何用功能术语来描述它们的理论；相反，我们试图提供评价这些活动某些方面的框架，我们对合理而恰当地使用人工物以及判定其功能归属方面进行理论上的说明。

1.1　概念上的架构

在对本书进行概述之前，关于我们的方法有几句话要加以说明。从对人工物使用和设计的基于行动理论的分析出发，我们意在为技术人工物发展一套功能理论，这需要仔细进行方法上的选择。首先需要说明的是，发展一套功能理论，在过去几十年里已成为哲学中越来越熟悉的主题，虽然它被许多人认为是走向衰落的领域，曾有两个作者值得纪念地称其为"直觉冲突的沉闷雷声"。①事实上，功能理论偶尔给人以一种从哲学角度讲故事的印象。像螺母和螺钉掉进机器还能使其运转，《圣经》挡住射向人的心脏的子弹这样的不可能事件，似乎是衡量功能理论的准绳。问题并不在于需要靠直觉来解释这些情况，而是对它们的直觉很薄弱，几乎注定会出现分歧，事先还不清楚解释这些情况会存在哪些风险。对于我们的计划，这个问题似乎突现出来，因为我们计划涵盖一些不熟悉的层面，这就是技术人工物领域。虽然我们试图用熟悉的哲学术语来表达我们的分析，如"合理性"和"正当理由"，但事实上，因为很少有哲学家考虑过人工物并形成理论，这里的直觉很可能是未受到训练的、脆弱的和有分歧的。

我们的回应不是回避对直觉的追求，而是要尽可能使其清晰并加以限制。按照本书的主题，我们用一种工程师的态度来面对我们的直觉：我们列出了我们的直觉的、现象学的"素材"，然后将其转化成清晰的规则——或是我们这里所说的"用处"——用来了解技术人工物。②我们将这些用处，只是这些，作为我们理论的试金石。此外，我们的现象学素材并不张扬，只是为有效的功能理论给出最低程度的说明。尽管如此，可能还有人不同意我们选择的现象和直觉，或者有人怀疑是否应该从功能的角度来解释这些事情。对于这些分歧和

---

①　Bigelow and Pargetter（1987：194）。

②　这种明确而又独占式地诉诸某些直觉的方法并不是本书原创。例如，我们的方法类似于杰克逊最近为概念分析辩护的尝试（Jackson，1998）。

疑虑我们将稍后探讨,但我们对选择的用处不加辩解:这就是一个选择,因而在某种程度上是任意的。于是,反对我们选择的唯一有效方法是建构替代的用处和理论,把最终的选择留给两种理论的使用者。类似地,我们的很受限制的目标意味着,我们认为成功地将我们的概念架构用于其他目的,而不只是用来满足对用处的考虑,充其量只能视为我们努力的有益的副产品。

表1.1列出了我们用于技术功能理论的四种技术人工物的用处。如其所说,每种用处都充分体现了日常涉及的人工物的一个方面并反映了一个假设,即该方面应当从这些人工物的功能角度来加以解释。因此,对每种用处都做了两种选择:我们选择人工物使用或设计尤为突出的一面,并且选择能解释这方面的功能理论。在本节的剩余部分,我们将简要地证明这两种选择的正当性。

表 1.1 人工物的理论涉及的人工物的四种用处

适当的-偶然的用处:
一种人工物的理论应该允许人工物有着某种限定且持久的适当功能,以及较为短暂的偶然功能
功能偶发性失常的用处:
一种人工物的理论应该引入一个允许功能偶发性失常的适当功能的概念
得到支持的用处:
一种人工物的理论应该要求存在将某种功能归属于人工物的支持性依据,即使该人工物出现功能紊乱或只有短暂功能
创新的用处:
一种人工物的理论应该能将直觉上正确的功能归属于新奇的人工物

这四种用处相继反映了以下四种现象:用途的广泛性、有时可能失效、物理限制和创新。每一种都涉及一类广泛繁杂的现象,最好通过多个例子和现实生活中的叙述来描绘;在这方面,它们等同于诸如物体持续性和个人同一性这样的现象,而这些现象也会遇到许多不同的形式和伪装。为简洁起见,我们只举一些简短的例子,只是为了展示这些现象和所产生的用处的直觉魅力与开阔视角。

首先,人工物用途广泛。几乎每一个人工物都能以不同的方式用于不同的目的。椅子可以用来坐着,可以用于坐着的时候把脚搭在上面,也可以站在椅子上面;人们可以端坐在椅子上,或懒散地坐在上面。汽车可以用来把人从一个地方送到另一个地方,可以用于休息,甚至可能用于撞向商店正门进行抢劫。然而这些用处不是所有都等同的。椅子的最标准或者最恰当的用处就是用来坐着。这种标准的约束力不是唯一的。把汽车用于个人运输是常见的做法;而故意往商店门口冲撞不只是不寻常,还是犯罪。相比之下,站在椅子上换灯泡最多只是不被赞成,并不显得特别。站在转椅上更换悬挂在楼梯上的灯泡,或许让人惊讶,但这要假设可能由于某种特别原因。此外,评价使用人工物的常见和不常见方法的这些差异，不只是一个直觉的问题：许多产品的保修单上都包含关于不当使用的不保修条款。这种不保修条款的存在，如同一般意义上的书面限制和禁令一样，表明替代的使用是可能的，而有些是不被赞同的。这些情况表明不同的标准和处罚在评价人工物的使用方法时是起作用的。就目前而言，通过把人工物的使用称为"限定的"，我们对所有这些标准一概不加区别。许多现有的功能哲学分析都包含了区分，或者要求加以区分，这种区分似乎完美地对应于人工物使用的有限的多样性现象。我们通常要逐项区分或多或少持久的适当功能和它较为短暂、偶然的特征，而且坚持认为一种功能理论需要承诺去阐明这种区别。① 因此，有理由提出适当的-偶然的用处作为一种方法，技术功能理论凭借这种方法应该融合人工物的使用这一层面。

人工物使用的另一个方面是无法保证总是成功。成功的这种缺乏往往是程度上的问题。例如，电视或许会显示不清晰的图像，或许不能播放一些频道，或许不再受遥控器的控制，或是完全坏掉，发出电路烧焦的气味。人工物的功能失效可能会有质的区别。如果电视机没有显示任何图像，就提供了强有力的理由说明它已经"损坏了"；但如果用过两次的茶叶包再也不能冲出一杯好茶，却没有这样的理由。功能偶发性失常不同于无效的使用。

再者，我们暂且忽略所有这些令人印象深刻的细节，尽管它们有着明显的实际相关性。相反，我们把人工物使用出现失败的可能性简单视为第二个突出的方面或现象。正是由于使用的多样性，这种现象可以转化成对用处的思考，它常见于现有的关于功能的文献②：功能理论应该引入一个顾及了功能偶发性失常这样的适当功能的概念，这是出于这样的事实，即某一产品有着它偶尔不能实现的一种适当功能。这种用处比相关的现象更为具体，因为它只涉及适当的功能和使用。然而，如果不按照标准使用，人工物也是可能出现故障的。但

----

① 许多文献中的理论意在区分适当功能和偶然功能，尽管时常不是精确地使用那些术语。最先发现这种区别的文献之一是拉里·赖特（Larry Wright）关于功能的很有影响的论文："该分析的核心区别极有可能介于某物的功能和不是该物功能的其他选项之间……这有时被看成是一项功能和纯粹'偶然'完成的某件事情之间的区别。"（Wright，1973：141）。一个更具影响力的功能理论明确地提出适当功能同偶然功能或"起着作用"不同：例如，"我说过'适当功能'的定义意在解释一款产品具有功能或目的意味着什么，而不是一款产品作为某物的作用意味着什么。"（Millikan，1989：290）。最近，贝丝·普雷斯顿（Preston，1998b）构想了一个区分适当功能和系统功能的理论，并明确地扩展到了人工物领域。更精确地说，她认为赖特所期望的功能—偶然之间的区别用于论述适当功能是可能的，而在论述系统功能中是不可能的（Preston，1998b：§I）。

② 当米利肯（Millikan，1989）、尼恩德尔（Neander，1991b）和其他人在批评卡明斯（Cummins，1975）提出的理论不能将功能失常的产品描述为功能性的时候，功能失常的用处被含蓄地引入作为评估她们的功能理论的一个标准。

至少现在，我们还在以现象学的范畴换取分析的精确性。在关于功能偶发性失常的第 5 章中，我们还有足够的机会来弥补这一缺憾。

　　第三个方面和前两个方面密切相关，但它揭示了一个不同的现象。人工物使用的多样性并不仅仅局限于同行的压力和不保修条款。人工物的使用是否有效不只是技能和/或习惯的问题。如果需要展示，可以将目前使用过的一些例子交叉考虑：用一个茶叶包撞击商店在法律系统中可能不是犯罪，只是基于不良意向的你是不会被起诉的；用椅子来沏杯好茶甚至会超出最具创新和技能的使用者的能力。在这些情况下，人工物与其使用不匹配。在分析这些现象时稍微再进一步，可以说普通茶叶包的物理结构（即没有填充硝酸甘油的那些）根本不可能用来有效地撞击商店门面。人工物使用的这些物理限制也有积极的一面，即我们在使用人工物时多数情况下能合理预期其成效。"大众物理学"似乎足以预测人能够成功地坐在椅子上或是汽车的引擎盖上。为了充分体现这种现象受限制又有其积极作用这两个方面，我们称之为人工物使用的"支持"，而且我们引入了同名的第三种用处：人工物的理论应该存在支持性依据，将功能归属为人工物，即使人工物的功能偶发性失常或是只有短暂的功能。

　　人工物使用的第四个也是最后一个方面是，具有创新使用的人工物，无论是否标准，都会经常出现。这些创新是逐步到来的。大多数人工物，如平板电视，考虑到了使用人工物的现有方法中的细微变化。① 其他人工物，如带拍照功能的手机，将现有的两种人工物结合在一起。最罕见的例子可能是第一架飞机和第一座核电站，它们考虑到了使用人工物的真正创新，即前所未有的方法。甚至对于这些例子，有人也可能想指出它们也有先行者，从而减弱了创新的力度。尽管如此，创新的人工物——或是如此被宣传的人工物——在我们现代社会中得到高度重视。为了反映这一现象，我们把它作为我们最后的、创新的用处，一种理论应该能够将直觉上正确的功能归属给新奇的人工物。

　　我们以一句告诫语来结束这个方法论部分。尽管我们现在主要从现象出发，为介绍技术功能理论而列出各种人工物的用处，但在建构满足有关用处的理论时，我们应牢记根本的现象。或许没有任何一个功能理论能够解释所有的现象：它们可能互不相容。② 这种不相容可能导致人们采用一种功能多元论，这其中的几种概念同时满足对用处的说明。或者，有人可能会得出这样的结

---

　　① 工业中追求的许多创新，即那些关系到更可靠地或更具有成本效益地生产人工物的方法上的创新，或许和人工物使用只有一种间接的联系。

　　② 这种可能性是普雷斯顿（Preston，2003）在考虑的文献（Vermaas and Houkes，2003）中所给出的这四种用处的早期构想时所提出的。

论，即不应该先从技术的功能角度来解释这些现象。当然，从一个概念角度解释人工物的所有方面会很体面，因此值得争取。在本书中，我们表明技术功能理论能承担大部分我们所背负的现象学负担。

1.2　大　纲

在上述介绍之后，我们为技术功能理论展现基于行动理论的背景。在第 2 章中，我们从一个核心的、多用途的"使用的计划"概念角度分析人工物的使用和设计，即操纵物体的一种大致标准化的方法，以实现实际的目标。通过例子和一些分析来介绍使用的计划后，我们将展示人工物的使用如何在理论上被重构成一个使用计划的执行过程，这种重构如何能够用于评价的目的。我们引入一些有关使用的计划的标准，并展示它们如何也能用于人工物的使用。然后我们转向与之密切相关的活动，即设计。人工物通常被认为是人造物体；相反，设计在哲学和其他领域通常被理解为创造人工物——也可能是创造蓝图，即对创造人工物的过程的描述。出于我们的目的，"设计"被更广泛地重新理解。我们首先将其描述为建构使用的计划，这些计划意在促进其他主体实现其目标。有时，如果是这样，还会补充创造人工物和/或蓝图。我们把这种从属活动表示为"产品的设计"，并将它明确重构为我们对设计的广义概念中的一种。这个概念揭示了在设计中，建构使用的计划并将它们传达给其他主体所发挥的核心作用。作为这一章的总结，我们立足于有关使用-计划的分析，为使用和设计建构一个评价框架。

对基于行动理论的背景的研究就此起步，以争取实现我们的现象学的要求。然而它主要为后面的章节作铺垫，我们在后面几章中更为直接地从功能的角度分析人工物的目的论。如前所述，在哲学中人工物主要被描述为带有意向的被创造的功能物体。这种功能方法已经导致了各种人工物的功能理论，或许还会激发更多。为了铺垫我们自己的功能理论，第 3 章中我们将评论现有的和可能的技术功能理论。这些评论表明，现有的功能理论中对人工物的功能性描述并不适合说明人工物的用处。这些评论，尤其是我们对不同理论的论述，有助于发展我们的合理说明这些用处的替代理论。我们通过考查三个功能理论原型——意向功能理论、因果-作用功能理论和进化的功能理论——来组织评论，因为三者涵盖了现存的功能理论。

对这些功能理论的评论为下一步的分析提供了方法。在第 4 章，我们将增加用自己创立的功能理论来分析第 2 章中所涉及的人工物的使用和设计。我们基于使用-计划的方法建构自己的功能理论，或更确切地说，基于我们从使用的计划角度对设计的重构。它包括了涉及怎样合理地将功能归属给人工物的两个定义，并且和那些人工物的使用计划相关。结合基于行动理论的背景，这些定义就等同于能够合理说明我们所说的用处的技术功能理论。由于功能理论包含意向功能理论、因果-作用功能理论和进化功能理论的要素，我们称其为 ICE 理论。

这就产生了一个难题。ICE 理论正式地满足了合理说明这四种用处的需要。然而它满足功能偶发性失常的用处的程度，为某种事物留下了希望的空间。从现象学角度回顾，可以看到这个理论只是描述了人们或许想把某种人工物称为"功能偶发性失常"的一些情形。在我们所说的那些用处的范围内，这只是一个小缺点，但矫正它至少有两点理由。首先，人工物的功能失常是一个常见的多变现象，以至于仅仅解释它的一部分现象的技术功能理论是不完善的，无论它有什么优点。其次，更为重要的是，关于功能偶发性失常的用处，我们理论上的平庸表现或许揭示了我们所说的四种用处之间的张力。如上所述，我们对每种功能的归属都要有可靠依据，即使是功能严重失常的人工物。合理说明这种得到支持的用处或许会不可避免地降低理论对功能偶发性失常的用处的解释能力。如果是这样，人们可能得出这些用处彼此不相容的结论，而不是我们的理论不适当。

在第 5 章中，我们会探讨这个难题。我们以识别不同种类的人工物的功能偶发性失常为起点，这是为了更精确描述我们的理论在多大程度上满足说明功能偶发性失常的用处。我们继续展示两条路径，以扩大 ICE 理论描述功能偶发性失常的人工物的范围。第一种包含一个新的论据，即相信人工物有能力实现一种功能意味着什么。该论据意在证实这种信念并不等价于一种更强烈的信念，即人工物处在一种能够实施那种能力的状态。原因在于它允许这样的信念：人工物能以技术上可接受的方式进入或返回这种状态，比如保养或维修。接受这个论据会显著地扩大 ICE 理论的适用范围；更确切地说，它涵盖了这一章中前面确认的所有关于功能偶发性失常的论断。这表明我们所说的这四种用处是互容的，也使其他功能理论能够更容易地满足说明这些用处的需要。第二条路径用另一种方式拓宽了我们的分析，这是通过思考功能偶发性失常的论断和一般人工物论断的规范内容。我们揭示了两种规范内容，一种和实际因素有关，它存在于所有功能归属之中；另一种和使用的计划的特权以及专业设计师的作用有关，它存在于恰当使用的论断和一些功能偶发性失常的论断之中。尤其是第二种，让我们跨越技术功能理论直达它的社会的和基于行动理论的背景，揭示了一个社会的、社会认识性质的和实际上可取和需要的复杂网络。

一旦我们关于技术的功能的 ICE 理论达到了令人满意的程度，我们将探索它在其他领域的优点。我们开始在工程领域，然后逐步经过物理学和化学一直到生物学领域。在第 4 章中，当我们为有理由地将功能归属给人工物的含义构想两个定义时，我们把它们作为理论的核心，但这并不是详尽无遗的。提出这个告诫的原因是主体不用考虑使用的计划就能得出技术人工物的功能描述。因为这些描述不能真正地被重构成和这些计划有关的功能归属，我们用人工物的功能作用的"无计划归属"这样的辅助概念来丰富功能理论。在第 6 章我们讨论工程学中的功能描述中，我们首先更细致地考虑这种无计划的功能作用，检查它们在多大程度上挑战功能的核心的、与计划相关的概念。我们证明工程师对组件的功能描述能够视为是与计划相关的：在相关定义中对计划的参照在应用于部件时会受到限制。人工物的功能的与计划相关的概念因此仍在工程学中处于核心位置。然而，有些矛盾的是，归属功能作用这个附加的概念增加了将 ICE 理论应用到一般工程或技术以外领域的可能性。物理学和化学似乎也包含功能描述。系统可以被描述为测量仪或制备仪，物理和化学物质可以被描述为导体或溶剂。这些功能描述很容易被纳入 ICE 理论，分别作为和使用的计划相关的功能归属和无计划的功能作用。

生物学很明显是应用功能理论的主要领域，也是最有趣的领域，在这个领域中功能描述不适合我们的使用-计划分析。在 ICE 理论中，生物功能描述或许被视为功能作用的归属，但认为产品具有（适当的）功能以重演生物学中的标准实践是不充分的。这个否定性的结果提供两个有助于分析生物功能的选择，我们将在第 6 章后半部分探讨。第一个关键性的选择包含了这样一种主张，即认为生物哲学中临时尝试把生物功能分析成"貌似"技术的功能是失败的。ICE 理论表明，将生物体当成技术人工物，意味着对一系列目的论概念难以置信的接受，尤其是生物学领域对使用的计划的接受。第二个更加大胆的选择是在所有以功能描述为特色的领域中，明确接受由 ICE 理论预设的目的论。本书表明 ICE 理论可以概括成一个统一的功能理论，其中主体把和目标导向的模式相关的功能归属于那些模式的产品。这个一般意义上的 ICE 理论应用于生物学，其结果是生物功能也被主体归属并具有了目的论特性。

我们讨论的结果是技术、物理学和化学中的许多功能描述能够被视为与使用的计划相关的功能归属，这展示了 ICE 理论的灵活性和多样性。对于生物学，ICE 理论则引出了一个困境：ICE 理论的目的论背景迫使人要么放弃对功能的统一分析并为生物功能寻求一个单独的理论，要么坚持统一分析，痛苦地接受这个目的论背景。

然后就是我们对使用、设计和功能描述的分析的终结。在第 7 章，本书的结尾部分，我们研究一些了解人工物性质的结论。本书中呈现的材料或许惊人地提出根据：这种性质不必是功能性的。我们评论了这方面的主要成果，来表明它们是如何低估了功能本质主义，即一种对人工物属性的流行观点。然后我们研究对人工物的一种替代观点，即作为在执行使用的计划过程中被操作的物体。尽管作为有用材料的人工物的描述有些缺陷，但它优于功能本质主义并能有益地和人工物的另一个普通描述，即人造物体相结合。总之，我们以两个双重属性来分析作为物体的人工物：它们是既有意向特征又有物理特征的对象，既是能使用的对象又是人造的物体。功能描述和前者，即意向-物理的双重性有关，因为这些描述允许使用者及工程师连接和断开人工物的目的论描述与结构描述。因此，技术功能作为人工物两个属性间的一个纽带，是一个有用的概念。

1.3 展 望

本书展示的是关于有用的材料的探讨。它提供了人工物使用和设计的基于行动理论的分析，还有人工物的功能归属的理论，从不同主体的信念和意向以及相关信念的证据角度进行表述。同时，这些结果为人工物哲学奠定了基础，其中的"使用""设计""功能"无疑是核心概念。然而我们不对技术人工物进行整体描绘。我们的功能理论展开得很具体，和它的背景一起，解释了人工物使用和设计的现象学中一些必要的方面。这种现象学的大部分内容以及解释它所需要的其他概念还有待于探索。

一个重要的自身设限涉及功能性的主题。我们的分析关注技术人工物和它们的技术功能：我们研究那些或多或少会有着即刻实际目的的设计的实物，而且我们只研究那些实际目的。我们忽略那些功能特性有争议的有用物体（如艺术品）、物质特性有争议的有用对象（如计算机软件和逃税阴谋），以及不是即刻会有用的实物的目的（如你的着装或轿车带给你的社会地位）。进一步的研究或许在我们描绘的景象中为其他人工物和这些技术人工物的其他方面找到一席之地。另外，任何有关功能的研究都会面临这个问题，即是否应用并如何应用于被归属了功能的不同类型的产品。这些产品当中，生物产品一直以来都是最突出的。在第 6 章，我们将简要描绘我们的 ICE 理论或其概要，能够以何种方式应用于生物学、其他自然科学和人文科学。还需要细致的研究来检验该理论作为一个外来理论能否在这些更广阔、密集的领域中站稳脚。

我们的基于功能理论的项目也为基于行动理论的背景做了限定。首先，正如第2章明确的那样，我们故意忽略了人工物使用和设计的一些特征，我们认为它们和功能理论无关。其次，我们基本上忽略了和人工物有关的其他活动，如生产、维修和回收。功能性和有用性或许是人工物的显著特征，但广泛而又显然至关重要的直觉是将人工物视为由具有意向的主体所生产的物体。因此，在第7章，我们简要探讨这种直觉，并检验在多大程度上我们能够用自己的对人工物有用材料的主张来融合它；在其他章节，我们几乎只关注使用和设计的活动，它们足够作为我们功能理论的背景。

最后，人工物哲学会自然地成为技术哲学的一部分。该学科很大程度上专注于和技术相关的伦理及社会问题。我们对人工物使用和设计的基于行动理论的分析或许会阐明这些问题。它提供了一种方法来分析和评价设计者与他们的人工物对社会的影响：一种从说明书和传达使用的计划角度的分析，或多或少是合理的。技术哲学和科学技术学提供了不同的画面。这些中的大多数不是为了分析，其他学科里没有多少研究者和我们共同关注评价而非描述。然而结合这些看法需要的不只是在分析和综合之间，或是在描述与评价之间的简单分工，我们甚至不会在此尝试这种结合。然而，既然这两种看法基于人们探讨人工物的现象学，它们的结合肯定会引出一个领域的更深层次的画面，它是如此贴近我们以至于哲学家倾向于忽略它。

第2章　使用、设计和计划

本书首先为我们的技术功能理论展示基于行动理论的背景。为此，我们研究两个涉及人工物的普通行动：使用和设计。我们从使用的计划这个核心概念的角度，即为了实现实际目标而操作对象的方法，来分析这两项活动。

本章的大部分内容专注于展现我们对使用和设计的分析。在2.1节，我们引入基于行动理论的观点。在2.2节，引入使用的计划的核心概念。既然这只是背景故事的开端，我们就用简单的例子来叙述并只提供一个基础分析。在2.3节和2.4节，我们从计划的角度分析使用和设计：前者起着执行使用的计划的作用；后者起着建构和传达使用计划的作用。就我们的目的而言，这个设计的广义概念就足够了。为了给普通的使用留出空间，我们在2.5节描述产品设计可以怎样被区分成一类设计，它也涉及描述或生产不曾有过的物体。

我们的使用-计划分析不仅仅在作为技术功能理论的背景时有用。在本章最后，我们表明对使用的计划的关注是如何能够为评价人工物的使用和设计提供框架的。在2.6节，我们引入使用的计划的标准。在2.7节，我们将演示这些标准如何应用于使用的计划的执行和建构。这会引出不同使用类型的一个描述，我们称之为"合理使用"和"恰当使用"，也会引出设计的一些标准。

2.1　人工物与行动

使用物品来实现一个目标是如此普通的活动，以至于大多数时候它自然而然就出现了。大多数人对于戴眼镜、在马路上骑车或对着电话说话不会多加思考。这些行动除了涉及人体，还都涉及物体，但做这些事情就如同向朋友挥挥手或动一动脚趾一样自然。人工物不仅仅是我们环境的主要部分：使用人工物是我们生活中如此主要的部分，以至于和我们徒手做的事情相比，更容易想起人工物使用的例子。

和其他人一样，哲学家容易忽略人工物的使用。但是就像观测"自然"世界并将其理论化一样重要的是，这些活动非常不定型。多数人把大部分时间用在用物品办事上，使用某物达成某个目标。甚至哲学家也需要绞尽脑汁发表他们的论文。就哲学家看待人工物使用来说，他们主要关注现象学传统或受其启发。此外，像梅洛-庞蒂（Merleau-Ponty）和海德格尔（Heidegger）这样的作者主要关心这样一个事实：人工物使用是如此自然的事情，他们根本就没有关注过人工物的设计。①

作为我们的功能理论的背景，我们需要同时关注人工物的使用和设计，需要有一个框架来分析两者间的关系。和现象学传统中所做的研究不同，我们关注人类在参与人工物的过程中推理、慎思和评价的作用。这将我们置于哲学行动理论的传统中。这门学科主要围绕这样一些问题，如意向行动和单纯行为的区别，行动的区分，行动的理由而不是行动的原因（但却与之相关）。

推理和慎思适用于人工物的使用和设计，是因为我们与人工物的接触一向是目标导向的。事实上，使用一款产品的概念似乎暗示着这个产品是一种达到目的的手段：聊天的时候摆弄网球自然不会被描述为在使用网球。将某种活动描述为使用对象 x 会引出一个问题：x 是用来做什么的？使用是带着目的或目标的使用。类似地，"设计"的内涵带有很强的目的性和意向性。将某种活动描述成"目标导向的设计"似乎不恰当，因为目标导向性似乎是设计的一个不可分割的部分。在本章中，我们指出人工物使用和设计的目标导向性，因为我们相信人工物凭借这样一个事实才具有功能，即人类有能力（在目标导向下）使用和设计人工物。行动理论提供手段去表达这种坚信并为其辩护。

在我们关注评价和目标导向性的时候，如我们所做的那样，使用和设计人工物的活动会失去它们的一些自然属性。弄清楚为什么使用人工物是实现目标的一种有效方法，却远没有简单使用它更为直接；而设计一个能成功实现特定目标的人工物显然更加困难。一种难题已经引起了大部分哲学的关注，即几乎所有人工物的使用和设计都包含了人们须通过个人经历所获得的技能。② 任何见过小孩尝试使用勺子的人都知道，即使最初级的人工物的使用都包含这些技能。

尽管技能对人工物的使用必不可少，但对于人工物的使用为什么复杂还有一个经常被忽略的原因：在大多数情况下，它不只涉及一种行动。正如我们要学习巧妙地使用人工物，我们就要按照适当的顺序采取适当的行动。例如，用面包机来烤面包片，这需要把面包机从存放的地方拿出来，插上电源（假如并

---

① 作为使用物体的人工物的这种"不显眼"是《存在与时间（第一篇）》中海德格尔对日常世界描述的基石，也是他区分日常生活的上手用品（Zuhandenes 或 Zeug）和科学的在手物体（Vorhandenes）的基石。这里引用一个对这种不显眼现象的典型描述："设备只有在符合自身的交往中才能真正显现出来（如用锤子锤击）；但在交往中并不把这种实体当成摆在那里的物体进行主题的把握，使用中也不知晓设备的结构。"（Heidegger，1962：98）

② 在使用人工物和人类生活中对技能作用的一般意义上的经典分析，见赖尔（Ryle，1949：ch.2）对技术诀窍的描述，梅洛-庞蒂（Merleau-Ponty，1962）的盲人手杖的例子和波兰尼（Polanyi，1962）对隐性的和个人的知识的辩护。

不总是使面包机处于准备就绪状态才需要该步骤），把面包片放在烤架上，设定烘烤时间，通过开关按下烤架等。如果在按下烤架前取下面包或是忘记插电源，就烤不成面包片了。该描述绝不是想让人们怀疑他们使用面包机的能力，只是想表明人工物的使用会很自然地被描述成一系列的行动，而其中的一些行动或许以其他行动为条件。一些行动需要操作人工物及其部件（烤架、开关）。它们只有组合在一起，成为一个系列，才能期望它们实现目标。一旦有人决定使用面包机以达成目标，她不会随意地决定去操作这个人工物：恰恰相反，她知道这个决定会影响一系列有序的行动。它们凭借人工物而组成了一个实现目标的确定方法。

我们寻求重构这个慎思的过程，它是人工物的使用的基础。因此，我们需要看一下构成使用的一系列行动，需要有一个专门的概念来描述这个系列。这就是"使用的计划"的概念，即目标导向的一系列行动，包括人工物及其部件的操作。一些行动哲学家已强调所有意向行动中计划的作用，[①] 它和人工智能方面的研究相互激励。我们不考虑以计划为中心的方法的一般优点，这么做会将我们引入一些哲学争论，它们会使我们的背景故事复杂化，明显不利于我们的功能理论。因此，我们对一些问题保持中立，例如，某种规划的途径是否比意向行动的希望和信念模式更重要。出于我们的目的，规划能否还原为一系列意向的组成并不是问题，只要（可能无法还原的）使用的计划的概念适于在我们的基于行动理论的背景下使用。

在 2.3 节，我们将明确表明人工物的使用怎样重构为使用的计划的执行。首先，我们详细介绍一下关键的概念。

2.2　使用的计划

"计划"是一个被广泛使用的概念，它在日常用语中很常见，不像"人工物"和"功能"概念这样专门化，正是因为这个概念的应用如此广泛，它有助于为人工物的使用和设计给出丰富的、直觉上吸引人的描述。然而通用性也会导致模糊。例如，《牛津简明英语辞典》将一个计划描述为"做某事或实现某事的具体方案"，这就立即导致一些关于细节的程度、方案的本质、规划中预期成功的衡量标准之类的问题。计划是书面的还是口头的，抑或仅仅是心灵上

---

① 我们在本章中的论述尤其受到迈克·布拉特曼（Bratman，1987，1999）和约翰·波洛克（Pollock，1995）研究的影响。

的方案吗？要有多么成功，才算"做"某事的方案？更不用说"实现"了。它有即兴发挥的空间吗？它需要考虑所有可能发生的事才算完整的方案吗？计划是向谁提出的？

这些问题中大多数可以靠约定来解决。我们选择将计划视为复杂的、心灵上的产品，它包括经过思考的行动，而不是实际的行动。[①] 如果组成计划的这种行动得以实施，就执行了该计划。这种执行是一种物理过程，它涉及人体和其他可能的实物。如果人工物也参与其中，我们称这个计划为使用的计划。一个使用的计划的执行因此包含使用人工物。我们把计划的心理过程称为建构或设计使用的计划。这个过程会产生或多或少持久的心灵状态，类似于信念或意向，但不同于愿望或幻想。

为了列举使用的计划的一些特征，我们考虑一下比较具体的活动，比如泡茶。沏茶中的物理和化学过程众所周知：把新鲜的或烘干的茶叶或其他香草放入热水中，味道就提取出来了。尽管如此，还有许多不同的方法沏茶，它们都包含一系列相当基本的行动。一种不是非常精致的、"最普通的"方法是把一些干茶叶放入杯中，倒上沸水，等上一小会儿，然后开始喝茶。或者在喝茶之前可以使用漏勺或特别的滤茶网，在茶杯中将茶叶从茶水中滤出。许多公司提供茶叶包，上面会有一些说明，将茶叶包放入容器中，倒入一定量开水，将茶沏上一定的时间，然后取走茶叶包，将茶倒入茶杯里。荷兰的茶叶包带有一条线，便于茶叶包悬在茶壶中并随意取走。许多美式茶叶包却用在咖啡渗滤壶中。喝茶讲究的人喜欢使用新打的凉水，简单地煮一下以防止水中含氧和味道流失。他们坚持认为如果搅拌的话，茶叶应尽可能地轻轻搅拌，以防止单宁酸随着味道而分离。最后，在中国和日本的茶道中，最平凡的沏茶和喝茶活动已变得极其复杂。这里包括很多步骤，只有一些涉及实际的沏茶和喝茶。

沏茶的这些各式各样的方法，从最普通的方法到茶道，是明显不同的。此外，它们包括不同的或相似的步骤，顺序不一样，也涉及不同物体的使用。可以把沏茶的每种方法描述成不同计划的执行。例如，最普通的方法包括执行以下计划：

（1）把干茶叶放入足够大的茶杯。

（2）茶杯中倒入热水。

（3）等待。

[①] 行动理论中一个规划方法的支持者，如布拉特曼和波洛克，没有明确解决这个歧义问题。对于人工智能规划中大体上和我们约定的解决相容的观点，见波洛克（Pollack，1990）。

（4）饮用。

然而如果品茶者是一个很讲究的荷兰人，或许会执行以下计划：

（1）烧一下新打的冷水。

（2）将水倒入茶壶中。

（3）将茶叶包悬挂在茶壶中。

（4）等待。

（5）从茶壶中取走茶叶包。

（6）将茶壶中的茶倒入茶杯。

（7）饮用。

这两种沏茶的方法能直接被重构成使用的计划——目标导向下的一系列行动，包括对人工物及其部件的操作。毕竟，它们包含不同的步骤，包括对不同物体的操作：前者包含茶叶、热水、茶杯，后者包含茶叶包、开水、茶壶和茶杯。此外，这两种沏茶的方法能被重构为执行不同的使用计划：除了必不可少的等待和饮用，两种计划没有一步是相同的，它们包含不同组物体的操作。但因为这两个计划有大致相同的目标状态，都包括对茶叶的操作，所以两者自然被描述为"沏茶"的计划。目标和最明显的操作对象①一起决定了对人工物的这种使用的大致描述。

那些为行动理论中的规划方法辩护的作者强调了计划的一些有用特征，大多数特征可能会转为使用的计划。出于我们的目的，计划的标准及其带来的评价可能性是最有用的特征。我们将在 2.6 节详细地探讨这些问题。另一个特征是迈克·布拉特曼（Bratman，2000）曾讨论过的计划的可传达性。计划阐明了为了实现目标应该采取哪些步骤。这些步骤和排序能用口头传达：如果一个知道如何实现某目标的主体告诉另一个主体他是如何实现的，他就传达了一系列行动。传达人工物使用的这个"程序上的"方面，当然不会立即赋予其他主体实现目标的能力，因为计划中的一些或所有的步骤可能需要其他主体尚不具备的技能。不过，缺乏技能在原则上不会阻止主体理解这个程序：在很大程度上，人工物使用的程序上的和操作上的方面，即要采取的步骤和实际采取的步骤，是可以分开的。食谱就是一个明显的例证：做羔羊肉咖喱的程序可以通过一个主体写食谱传达给另一个主体。读这个食谱不会产生做羔羊肉咖喱的能力，但它却传达了相关的、程序上的信息。计划是这个信息的重要部分，甚至可能是核心部分。

---

① 这种显著性难以精确地描述，但它表达了一种直觉，即垃圾分类时一旦涉及如何倒掉茶叶的操作，便不是在使用茶。

我们将重复使用的其他特征，虽然很含蓄，但包含了计划的结构。计划不只是几组行动：正如上述描述的，介绍这个概念的主要原因在于这些行动的排序是很关键的。因此，计划能从结构方面来加以描述。波洛克（Pollock，1995：ch. 6）发展了这种结构方法，就是通过将计划绘成图表，并认为计划在结构上类似于程序，包含了条件句、回路和变量的结合。我们不需要如此深入，但一些结构特征有助于将计划区分开。我们的研究有些地方需要区分各种使用的计划。为此，我们不需要复杂的必要条件和充分条件；相反，我们采用以下特征。

（1）目标。区分使用的计划的最简单有效的方法，是看执行它们是否要实现相同的目标。沏茶的使用的计划不同于去阿姆斯特丹的使用的计划。执行使用的计划的情境也许会产生一些难题；例如，作为茶道的一部分，荷兰人沏茶的复杂使用的计划或许有别于那些包含相同行动的计划，但其目的仅是在看足球比赛时沏一杯喝的茶而已。然而这个问题很像是那些关于粗线条的和细致的行动的著名难题，足以在此停止进一步的讨论，将其留给一般的行动哲学。

（2）使用的对象。使用的计划也能用于区分其中所操作的物体。与用茶叶包沏茶的复杂计划相比，最普通的沏茶计划包含了不同物体的操作。因此，即使它们的目标相同，都是茶叶的使用计划，但说它们是沏茶的两个计划而不是相同计划的两个版本是有道理的。我们主要通过识别执行使用的计划过程中操作的全部物体来运用这个标准。事实上，我们的使用-计划方法不区分使用中的主要物体和直觉上所讲的"辅助产品"。①

（3）经过思考的行动（排序）。目标状态与其涉及的物体偶尔会不足以区分两个直觉上不同的使用的计划。可以想象，一个人可以使用那个复杂的荷兰式沏茶计划中完全相同的物体，用不同的方法去沏杯茶。这种情况下，就要具体比较两种计划中涉及的那些经过仔细思考的行动。许多情况下，仅研究它们排序的结构足以看出计划是否不同；但一些情况下，需要检查行动的内容。在这里，肯定会产生复杂的难题②，但如果有的话，我们出于研究功能理论的目

---

① 这种方法也不区分实现使用计划时所操作的人造物体和自然物体。在第 7 章，我们讨论使用和计划的分析能否被视为"人工物"的隐含定义。

② 列出步骤并不会使计划完全个性化，因为行动的描述对其情境的敏感是众所周知的。这里举一个过分夸张的例子，假设某人可能试图效仿詹姆斯·迪恩（James Dean），夜间在高速公路上赛车。这里可以看似可以合理地主张轿车的使用计划在赛车和正常开车去工作时是类似的——例如，如果目标被描述成"从 A 开车到 B"。以这种粗线条的方式说明具体目标，允许对包括在使用计划中的行动粗线条地加以描述。例如，拉力赛中赛车的一部分使用计划，或许是定期查看后视镜中接近的对手。以粗线条的方式，这种赛车的计划类似于在各种环境中开车的时候所执行的不那么重要的使用的计划。因此，经过思考的行动列表，并非总是足以判定这些计划是否一致。

的，很少需要达到这种精致程度。

2.3 使用中的规划

慎思或许在使用人工物中扮演两种角色。首先，有人会考虑实现预定目标的方法。从这个意义上讲，会考虑是否使用人工物：你或许开车去超市，或者决定走着去。其次，有人为了实现目标会考虑怎样操作人工物。因此，万一你把驾驶课的内容忘得一干二净，你或许要思考怎么开车。这两种角色明显相关，因为使用人工物的选择通常依赖于主体是否知道怎样使用它——从评价的角度看，如果后者的情况如此，前者的慎思是不成功的。将两个例子结合：万一你把驾驶课的内容忘了，你就有理由走着去超市。

在这一节中，我们讨论慎思在人工物使用过程中的作用。这种讨论阐明了使用的计划和人工物使用之间的关系。这显示出我们的方法的一些优点，但它也反映了一个问题：我们思想上的重构似乎描绘了一幅非常有限的，甚至有着束缚力的人工物使用情景。我们的使用-计划方法的真正益处不在于它的心理精确性，而在于它有能力为评价使用和设计提供基础，提出并回答关于人工物及其功能方面的哲学问题。

为了弄清楚我们的重构，我们稍微详细地阐述了日常生活中的例子，我们通过它介绍了使用的计划的概念。假设安娜想要一片烤面包并决定使用她可靠的面包机。她从橱柜里拿出了机器并插上电源。然后她把两片面包放在烤架上，按下开关。面包机上有一个小的刻度盘决定何时关机。根据使用手册，使用者应该决定刻度盘上（“1”～“5”）的哪个设定挡与他们想要的面包片的“烘烤程度”相一致，将刻度盘调至那个挡，然后一直等到面包机关机，烤架升起来。然而安娜通常的做法是把刻度盘调至比想要的程度还高的某个挡（比如“5”）。然后，她根据烘烤这种面包的经验，或者不时检查“烘烤的程度”来决定何时停止烘烤。到了那时，她将旋钮调节到最低一挡，关掉面包机并升起烤架。换句话说，安娜将刻度盘用来作为一个显露本事的开关。

这件事情可以描述成一系列决定或意向的形成：安娜使用面包机，按下开关，把刻度盘调至比想要的程度还高的挡位的决定，等等。伴随着每个决定，就形成一个新的意向，随后得以实现，然后再基于现状做出一个决定并产生一个新的意向。这就是行动理论和理性的选择理论中给出的对意向性行动的标准重构。这个模型或许是可辩护的，[①] 但这种情况和一般意义上使用人工物更自然地被描述成一个使用的计划的执行。安娜使用面包机的计划包括几步：插上电源、按下开关、顺时针旋转刻度盘、等待和观察、逆时针旋转刻度盘。如果安娜考虑她对面包机的操作的话（我们稍后提到这一点），她并不是考虑它们各自本身，只是将它们视为实现一个目标的步骤。

因此，我们提出将人工物的使用在思想上重构为使用的计划的执行，正如表 2.1 所示。[②] 这里需要作一些评论。首先，各个步骤中提到的信念用来评估可供选择方案的相对优点；它们形成了使用的计划的"信念基础"。[③] 当我们从评价的角度看计划时，要进一步检查这个信念基础。其次，提到的这些信念被过于简单化了。许多情况下，计划是基于比较的和/或较少的必然信念进行选择和构建的，如"我相信和 p′相比，我更擅长执行 p，尽管现有环境下我不太确定"。最后，我们没有包括使用者提出她自己的使用计划以实现其期望的目标这种情况。基于 2.4 节中的分析，这是因为构建了使用计划的使用者是包含在设计中的。现有的重构因此仅适用于我们稍后所描绘的被动使用。

表 2.1 使用的重构

U.1	使用者 u 打算产生某个目标状态 g，并相信它尚未获得
U.2	u 从一组可供选择的方案中选择一个使用的计划 p 来产生 g，g 涉及有关对象 $\{x_1, x_2, \cdots\}$ 的意向性操作
U.3	u 相信 p 有效，即执行 p 将产生 g
U.4	u 相信他的或她的物理环境和技能有助于实现 p
U.5	u 打算执行 p 并相应付诸行动
U.6	u 将 g′作为 p 的结果并比较 g′和 g
U.7	u 考虑 g 是否产生。如果没有，u 或许决定重新执行 p，重复 U.2 这一步骤，或者放弃他的目标。如果重复了 U.2，u 或许重新考虑他期望的目标状态 g，选择另一个使用计划，或者两者都做

表 2.1 中使用人工物的重构可以用面包机的例子来说明。鉴于安娜想要吃烤面包片而现在还没有得到，安娜需要慎思获得烤面包片的方法。如上所说，这种慎思不是理解为一系列意向的形成，而是单一计划的采用，其中包括为达成目标的一系列意向行动。这个计划可从为数不多的一组可替代方案中选择，如使用面包机，买现成的烤面包片，把面包片放入烤箱中。安娜基于她对计划有效性、她的技能和环境的信念，从这一组中选择了一个计划。一旦她选定了

① 对于为什么计划不能还原成一系列意向结构的一般论据，是由波洛克（Pollock，1995：§5.2）提出的。

② 见霍克斯、弗玛斯、道尔斯特和德弗里斯（2002，§1）；霍克斯和弗玛斯（2004，§§1-2）。

③ 在人工智能规划中，信念基础通常称为计划的"知识基础"；我们对术语的选择是依照认识论中的传统来区分信念和知识。感谢马塞尔·舍勒（Marcel Scheele）指出了这一点。

一个计划，就会执行，并判断结果是否满意。假如面包片烤糊了很难吃，安娜或许再用一片面包重复执行计划，改变计划（如提前转动旋钮或用烘箱代替面包机），或无奈去吃并不满意的烤面包片。

我们提出我们的重构主要是作为我们的功能理论的背景，其次是作为评价的框架。但有人想知道它多大程度上反映了实际的人工物使用。乍看起来，我们的规划方法似乎高估了慎思的作用。正如本章开头所说，使用人工物是不被人注意的，几乎是次要属性；它通常不包括详细的规划。[①] 在本节的剩余部分，我们将描述人工物的这个特点如何融入我们的分析。[②] 读者如果准备接受我们在它可能的评价优点上进行重构，或是单纯作为背景，可以跳到 2.4 节。

为了举例说明规划方法的两种可能的局限性，我们再次分析面包机的使用过程。作为一个使用的计划的执行的重构，这个使用过程包括拿出面包机、插上电源、把面包片放入烤架、按下开关等。这个计划的大多数步骤进而又能构建为几组步骤，即获得面包片的"子计划"。对于这些其他步骤，这样的构建可能是不自然的。例如，安娜没有思考如何按下开关。在任何计划中都会有一个关节点，越过它的进一步的慎思会适得其反——没有人会为吃什么思考一个星期——否则进一步的"子计划"就是不可行的，如简单的身体动作。在这里，慎思通常会结束。第二个局限性是一个人通常不会提前去计划完成目标的每个细节，即使原则上可能。为了顾及慎思或所基于的信念中的错误，适应情况和其他可能事件的变化，计划通常是不完整的。例如，在面包机的例子中，安娜可能不会考虑把面包机放在哪儿，但在实现计划时要决策。第一个局限反映了规划在原则上是不完整的：不可能详细说明每个细节包含的所有行动。第二个局限性反映了更贴近实际的不完整特点：以一个计划中的具体情景为条件，详细说明所有的行动，既不方便也不明智。[③]

我们的重构能够迁就这两个局限性。先看具有原则性的一个：实现计划过程中，我们必然要运用智力和动作技能。[④] 求助这些技能通常不用进一步分析：

---

① 这个观察容易被转化成反对人工物使用的规划方法的观点。这种反对观点或许也是从萨奇曼（Suchman，1987）的研究中吸取了灵感。萨奇曼的主要目的是表明"主体的规划模型"不能描述主体间的互动和人机互动，并表明该模型应该转换成对"情境行动"的求助。

② 弗玛斯和霍克斯（Vermaas and Houkes，2006b：§3）对我们研究人工物使用的规划方法的描述精确性展示了更为详细的辩护。

③ 这两种现象并不像我们所想那样总是被区分开。例如，波洛克观察到计划通常是"局部的"（Pollock，1995：28），它们对应于我们的实践局限，但稍后重新回到了这个主题，注意到规划所有的愿望在原则上是不可能的，因为它会导致无穷后退（Pollock，1995：248）。

④ 波洛克（Pollock，1995：248）把这些技能称为"内置程序"或"程序性知识"。我们使用更口语化的"技能"。

如果面包机的使用手册详细说明了使用者在按下烤架开关时她的手应该如何抓紧，就会显得很多余；使用者更不会长时间努力思考如何执行计划的这个步骤。[①] 正如我们重构的 U.4 步骤所体现的，技能已经嵌入使用的计划中，作为信念基础的一部分。当我们讨论计划的评价时，将会看到这种对技能的求助可以通过信念一致性这个标准来评价。因此，如果使用者有理由相信拥有相关的技能，并且它们正是由人工物的设计者所预设的，那么"停止思索并开始使用技能"这种隐含的判定就是好的；否则就不是。因此，这种评价依赖于计划的执行者和任务的性质。就面包机来说，如果确实不知道怎样停止烧烤过程，面包机几乎没有受到任何损害；但如果使用降落伞，在凭借可能还不存在的技能之前，最好再仔细检查一下是否知晓使用的诀窍。

实际上的不完整特点是以一种不同的方式充分体现的。许多情况下，例如，当不确定执行计划的环境时，建构一个使用人工物的详细计划就不太合理。详细的计划很可能被后来情况的某个方面所打乱，时间和精力或许浪费在继续执行原计划的尝试上。因此，最好建构一个粗线条计划[②]或计划图式[③]，仅详细说明初始行动和通往目标状态的广阔的途径。这些粗线条计划适应实现它们所处的情形。假设有人决定使用面包机，在使用的计划中加入将旋钮拧至 3 挡（总共 5 挡）这个步骤，却发现其配偶新买了一个有着 10 个挡的更为复杂的面包机，那么他在使用这个面包机之前不得不修改他的计划。如果将刻度盘转至最大挡，在面包片烤得足够充分时再转回来，就没有必要修改计划。因此，越不详细的计划越灵活，越能回应具体的、在实现该计划中可能改变的情形。

这种回应性能够融入规划方法中。计划是基于主体对关于其自身、人工物和环境的信念。这些信念通过决定评价的情境来进入计划的标准，这在 2.7 节中将变得明了。在暴风雨中用打火机生火的计划或许具有目的性，但却是一个糟糕的计划。此外，如果对情境有足够的敏感度，附加的信息能导致计划迅速修改。先前的规划通过聚焦机制甚至有助于获取与环境相关的信念，然后能用于修改或完成计划。用这种方法，与执行计划所处形势的多变性相关的规划和

---

① 尽管不应该过度强调我们行动中慎思的作用，但数量惊人的规划在看似基本的动作中继续着。例如，哈格德（Haggard, 1998）遵循罗森鲍姆（Rosenbaum, 1991）中评价的研究传统，描述了改变对八边形物体控制的预先规划。

② 一个关于粗线条的规划的实际重要性的观点是由兰达和高斯托（Leudar and Costall, 1996）提出的，他们使用了和我们不同的计划的"对话"概念。

③ Pollock（1995：248-251）。

灵活性可以相互支持。

2.4　计划的设计

我们现在把注意力从使用人工物转向与其密切相关的设计活动。使用和设计，或是使用者和设计者之间的关系可能在直观上是明显的，但我们的使用和计划方法允许我们去明确地分析它。这个基本观点在本节中会扩展，即在技术领域，设计主要是——有时甚至只是——建构和传达使用的计划。这个特性描述不需要设计出以前不存在的实物，但在某些设计过程却需要这样做，它们在当今大多数社会很受重视。在我们不拘于字面的描述中，生产出新的物体的活动是设计的一种子类型，叫做"产品设计"，甚至这种设计基本上也是涉及使用的计划的建构，其次才是实物或其蓝图的建构。

类似地，设计的丰富特性的描述偶尔会在设计方法论的文献中找到。埃科尔斯和普尔曼（Eekels and Poelman，1998：ch.4）以及罗森伯格和埃科尔斯（Roozenburg and Eekels，1995：§4.3）对设计的主张明显是基于行动理论的，布朗和布莱辛（Brown and Blessing，2005）也是这样。同样，胡勃卡和埃德尔（Hubka and Eder，1988）提出的技术系统理论在描述设计方面，足以包括操作者对技术系统的行动。然而在总体上，设计的方法论者关注新的实物对象的创造，并相应地给设计赋予特征（例如，Gero（1990）；Pahl，Beitz，Feldhusen，Grote（2007））。后者对设计的描述太狭隘，不能为我们所用。设计的方法论者和我们的研究之间的大致区别，在于方法论者意在提供规则和方法以改进设计的实际应用，然而我们意在重构设计以发展我们的人工物哲学，最终发展我们的技术功能理论。我们的重构目标不在于描述实际的设计实践，也不在于揭示设计者在工作过程中是怎样达到或必须达到他们的意向、信念和决定的。[①] 鉴于焦点和目的中的这些区别，我们从自己的使用-计划方法来发展对设计的描述。在2.5节我们重构产品设计后，再返回到设计方法论。

我们对设计的描述是广泛和不拘于字面的。这允许我们对使用和设计的活动或"作用"之间的差别形成概念，并区分不同种类的设计。我们已经对比了产品设计和只包含建构与传达使用的计划的设计。另一个区别是认识论层面的：一些设计过程基于专门的科技知识，而其他只需要常识和一些物理规律及

---

① 为我们重构设计的一些或更多的描述性方面进行辩护是可能的；见 Houkes（2008）。

属性的基础知识。① 我们把前者表示为"专家设计",后者表示为"常识设计"。② 第三个不同点介于专业设计和业余设计之间。在当今技术发达的社会,设计越来越和一组受过专业培训并取得执照的特定人员相关。然而,在我们对设计的特性描述中,每个人,包括不具备这种专业资质的那些人,肯定也会不时参与其中。这些区别③关系到我们对设计总体理解,也关系到我们的技术功能理论的发展。如果是产品设计,使用的计划通常不是唯一的输出信息。当有关设计者创造出人工物时,也应该描述设计的产品,至少是炫耀一下,但通常是从制造产品的蓝图和使用说明角度加以描述的。如果是业余设计,关于如何保养和修理使用过的物体的信息是可有可无的。对于专业的设计,尤其是产品设计,较高的期望是有保证的。使用者期望他们新设计的汽车附带如何保养和解决故障的信息。此外,如果保养需求和故障检修超过了相关使用者的技能,有人会期望专业的产品设计已将信息分配给了那些帮助使用者保养和维修的技术专家。和我们的基于行动理论的方法一致,设计的这种额外输出能从这几个(独自的)计划角度进行描述:人工物的制造、保养、修理,也可能是拆卸。

在 4.3 节和第 5 章,设计、额外输出和期望的不同之处对我们的论据起着重要作用,即我们的技术功能理论满足了对这些理论而言说明人工物的四种用处的需要。一般来说,对工程设计(通常是专业的专家产品设计)合法的、较为默认的社会约束比对物体日常的创新用法(通常是业余常识的计划设计)的期望要严格得多。在投放一款新车的时候,我们对它的期望比邻居告诉我们现有厨房用具的新用法时要高。

2.4.1　设计的重构

为了阐明使用和设计的联系,我们对设计的重构基于我们之前对使用的重构。既然使用人工物是目标导向的活动,似乎很自然地将设计重构为那种直接或间接地有助于实现这些目标的活动。既然使用是一个使用的计划的执行,是一系列目标导向的、经过思考的行动,有助于实现目标的自然方式是给使用者

---

① 一些认知心理学家把这些关于属性和规律的广泛信念及知识表示为"广义的事件再现"或"一般的事件知识",并研究了它们作为规划、推理和其他认知活动的先决条件的作用。例如,见 Nelson (1986),Hudson and Fivush (1991),Hudson,Sosa and Shapiro (1997)。

② 这个术语部分显示出缺乏更为恰当的术语。我们不会声称常识设计没有展示专业技能,也不会声称(只是)基于科学原理的设计总是展示了专业技能。那些论断会与社会认识论和科学技术论中的许多研究背道而驰,如 Collins and Evans (2002)、Goldman (1999,2001a,2001b)。对设计者专业技能的一些进一步的思考可以在 Houkes (2006) 中找到。

③ Vermaas and Houkes (2006a;§§4-7) 大致给出了沿着这些路线区分不同类型设计的基本框架。

提供一个能执行的使用的计划。这个分析阐述了使用和设计的直接联系：设计者通过建构计划以达成新的或现有的目标来支持使用者；在我们的模型中，建构一个使用的计划的每项活动都叫做"设计"。将产品的设计视为创造新的人工物或蓝图这种狭义的概念，由此包括建构（和传达）一个用来实现特定目标的使用的计划，和描述在执行这个计划中所操作的以前不存在的物体。产品的设计在真实的实践中很突出，我们把对它的思想上的重构留作下一节之用。

为了表明使用和设计的联系，并不严格需要对设计完全重构；从使用者的角度看，设计唯一需要重构的方面是使用的计划的转换。但是，如果我们将设计本身重构为一种符合使用计划模型的理性活动，就有理由将设计视为一个有着信念基础的（设计）计划的执行。就像使用的计划一样，这个设计的计划的目标是实现一种事态，即提供一个使潜在的使用者实现某种目标的使用计划。为了合理起见，设计的计划应该针对目标而建构使用的计划，这在设计者看来是可行的，并且基于设计者对使用物体、执行计划的主体和所处环境的信念。最后，如果计划的执行者不是她本人，该计划应该传达至其他主体。如果我们考虑所有的要求，就能想出表 2.2 中对设计的总体重构。[①]

表 2.2　设计的重构

确定目标	D.1	设计者 d 想要致力于实现目标状态 g
	D.2	目标调整：d 相信 g′ 最可能接近 g
	D.3	d 打算致力于实现 g′
计划建构	D.4	d 打算建构一个新的实现 g′ 的使用的计划 p
	D.5	有效性：d 相信 p，包括物体 $\{x_1, x_2, \cdots\}$ 的意向操作，是有效的，即执行 p 将产生 g′
	D.6	竞争力：d 相信就实现 g′ 的有效性而言，p 改进了类似的使用的计划 $\{p_1, p_2, \cdots\}$，即执行 p 要比执行 $\{p_1, p_2, \cdots\}$ 中的任何一个来实现 g′ 都更有效
	D.7	物理支持：d 相信对象 x_1 有着理化性能 $\{\varphi_{1,1}, \varphi_{1,2}, \cdots\}$，物体 x_2 有着理化性能 $\{\varphi_{2,1}, \varphi_{2,2}, \cdots\}$ 等，这些性能使得成功执行 p 成为可能
传达	D.8	使用者：d 相信 p 将被潜在的执行者 $\{u_1, u_2, \cdots\}$ 执行
	D.9	目标一致性：d 相信通过执行 p 来实现 g′ 与 $\{u_1, u_2, \cdots\}$ 的目标 $\{p_1, p_2, \cdots\}$ 相容
	D.10	技能相容：d 相信 $\{u_1, u_2, \cdots\}$ 具备执行 p 所要求的技能，即操作 $\{x_1, x_2, \cdots\}$
	D.11	手段与目的一致：d 相信 $\{u_1, u_2, \cdots\}$ 将求助于执行 p 所需的辅助物品，相信 $\{u_1, u_2, \cdots\}$ 执行 p 时会做辅助性的规划
	D.12	情境支持：d 相信 $\{u_1, u_2, \cdots\}$ 在支持执行该计划的物理情境下将执行 p
	D.13	如果 d 相信 $\{u_1, u_2, \cdots\}$ 和 $\{d\}$ 不一致，他打算将 p 和他的信念基础中的相关部分传达给 $\{u_1, u_2, \cdots\}$

---

① Houkes, Vermaas, Dorst and de Vries (2002：§2).

为了举出计划的设计并非产品的设计的例子，我们假设朱丽叶接到她的朋友罗密欧的电话，他把自己锁在了屋外但想要进去。得知罗密欧的钥匙就在屋里的前门锁上，朱丽叶决定帮忙，告诉他如何取出钥匙（调整的目标状态为g'，和本例中的 g 相同）。尽管罗密欧建议她把撬棍借给他（熟悉的使用计划p_1），但她让罗密欧拿出他们今天在办公室邮箱里找到的上周会议记录，取下夹着纸的曲别针，把纸塞入锁下方的门缝里，把曲别针弄直插入锁头，直到听见钥匙落在纸上，慢慢拽出纸，确保钥匙在纸上。通过建构这个包含操作纸、曲别针和钥匙（对象 x_1，x_2，…）的使用的计划 p，朱丽叶就是在设计计划（D.4）。在告诉罗密欧去执行建构好的计划（D.13）中，她说他就是执行计划的人，并表达了这样的信念：这个计划将会有效（D.5），而且它比砸碎窗户，比她或者是罗密欧想过的其他计划要好（D.6）。朱丽叶的计划基于她不同的得到物理支持信念，如曲别针的柔韧度、锁的尺寸、钥匙的位置、罗密欧前门下方的空间。此外，在把这个计划传达给罗密欧时，朱丽叶表示了对她的朋友技能的信任（D.10）以及对他的其他目标的信念（D.9）。在这种情况下，这些步骤就无足轻重了：朱丽叶假设罗密欧知道怎样折曲别针并且假设他并不是如此喜欢这个对象以至于不想改变它原来的形状。此外，她深信罗密欧有能力作一些辅助规划（D.11）——例如，打开放有会议记录的公文包，或是把纸放在前门下方适当的位置——她相信罗密欧所处的情境支持着该计划的执行。后者的这个信念也是无足轻重的，因为很少有情境阻止该计划的执行。如果有的话，或是朱丽叶想让罗密欧特别留意执行该计划的某些步骤，她除了传达该计划本身，或许会把她的一些信念基础，或这些基础背后的原因传达给他（D.13）。

即使在这个有趣的取钥匙的例子中，设计的过程也比我们重构所表明的要复杂。然而，所列的这些步骤达到了我们当下的目的：它使得对设计的评价观点成为可能，揭示了使用和设计的关系——主要也是就这个关系具有可评价的方面而言。我们通过简要地解释我们重构的部分内容来结束这部分论述。

2.4.2 总结性表述

我们把重构分成三个阶段，这些阶段实际上可以由不同的反馈回路来连接。这三个阶段关注设计作为面向目标的活动的主要方面：由设计所起作用而确定的目标选择；导向该目标的计划建构；面向其他主体而非设计者自身的计划传达。当然这些"潜在执行者"正是使用者，他们遵循 2.3 节中的重构继续执行设计出的使用计划 p。此外，我们将设计描述为包含若干意向和/或行动的活动（促成目标，建构计划，传达），每一项都带有（一部分）他们各自的信念基础。p 的信念基础的各部分已被命名，供未来参考之用。

2.4.3　目标调节和使用者

D.2 和 D.8 分别展示了我们对设计进行分析的描述性和重构性的方面。目标调整（D.2）是设计实践中一个熟悉的方面。在决定如何达到特定目标（即建构一个计划）时，设计者经常改变这个目标。比如他们判定不能实现最初的目标状态，或是只能凭借罕见的或专业的技能来执行实现该目标状态的使用计划；也有可能他们对实现目标状态的方法加以额外限制，反映出对持久性、安全性或成本效益的关注。相反，"使用者"信念（D.8）是理想化的，因为它表明了设计总要促成实现先前存在的需求。设计者实际上并不总是孤傲地回应，而是会传达对某些目标状态的渴求度以及实现它们的使用的计划，以实现之前不存在的需求。把这种"预先"设计视为规则而不是例外，或许是愤世嫉俗的，但不可否认它是存在的。因此，我们的分析是合理的重构，因为它并没有超越目标的识别去代表设计者的动机，这里设计的合理性是需要评估的。

2.4.4　有效性与竞争力

D.5 和 D.6 这两个信念是我们评价设计的核心，这一点会在 2.7 节中呈现。如果建构的使用的计划无效，设计就不会达到其最重要的标准。在实践中，竞争力可能是一件比有效性更紧迫的事情。设计一个有效的使用计划或许不难，但如果该活动所产生的使用计划逊于其他为人熟悉的、同等有效的使用的计划，那么该活动就浪费了认知能力、时间和金钱。此外，新设计的使用计划经常被宣传成对现存计划的改善，便于被接受。也就是说，为了使设计有价值，使用的计划不得不填补实用的商机，或是击败这个商机的现存占有者。尽管存在这种实际的相关性，在本书中我们在很大程度上没有考虑竞争力。

2.4.5　物理支持

得到物理支持信念 D.7 对于我们的功能归属理论很重要，它阐述了设计者相信使用的计划中操作的物体有着满足不同需要的、有可能的、应支持的或其他有影响力的、有益的性能。设计者不需要详细了解物体的物理性质和行为，但他们的信念必须支持他们对使用计划有效性的信念。至少，得到物理支持的信念就是那些被操作的物体在一起，在执行计划的情境下，由于它们的物理化学结构从而具有实现目标状态的能力。

2.4.6 传达

在传达阶段所列举的信念基础的所有部分，关注的是使用计划的执行而不是它的建构。在获得这些信念时，可以说，设计者应该设身处地为使用者着想，以便找出使用者可以采用哪些技能和辅助产品，计划的执行应该和其他哪些目标一致，以及使用者通常在什么情况下执行该计划。

我们的重构说明了在设计中传达的作用：如果设计者不是使用的计划的唯一潜在执行者，那么没有传达的设计就没抓住部分要点。既然从使用的计划角度分析设计与使用之间的关系，该计划至少是应该被传达的。要做到这一点，有许多方法。2.2节中列举了经过思考的行动，它们作为使用的计划的例子，很像是手册的目录。事实上，手册是把设计出的使用计划传达给使用者的常见方式，它们共享着使用的计划的大部分结构。它们通常被表述成一系列行动指南，将计划的各部分顺序线性化；通常，手册不会说可以采取各种不同顺序行动。手册的另外一个特点反映了使用的计划的不完整特点，即许多操作指南有些含糊不清：它们详细说明了应该使用辅助产品，或应该采取某些行动，但没有说明如何去做。我们的根本理由在于过于详尽的操作指南都是不现实的、适得其反的，因为它会使得潜在的使用者不愿意去看手册。但也有概念方面的原因：手册中表达的使用的计划本身就不完整，为技能和即兴发挥留有余地。

可是手册只是表示和传达计划的一种可能的手段。我们的重构和其他手段的存在是相容的。例如，许多广告显示了人工物使用预期情形的事例：人们用具有革命性的新设备清洁地板或是用一种新型渗滤壶煮咖啡。像每一种传达行为一样，这些传达计划的广告所包含的信息是在一个常识和预设的背景下发挥作用的。与更为传统的计划和人工物相比，我们假定观众对它们是熟悉的，许多广告展示的是一种新的计划和人工物。通过这种对比，广告传达了这样的信息，即新计划和人工物更方便、有效，比传统计划或竞争对手更可取。当然，不是每个广告都是以使用的计划的传达为中心的——尽管大多数显示了行动的顺序——但事实上，某些做法足以表明除了手册还有其他的传达手段。

传达计划的其他手段仍然是培训和产品演示。使用一些人工物可能涉及复杂的程序。对于这些程序，通过一个清晰的演示来传达整个使用的计划或许是最好的手段；尽管计划中包含的所有行动可以表述为手册中的操作指南，但是很少有人从手册中学习如何使用复杂的人工物。棋类游戏提供了一个很有帮助的例子。[①] 在其他例子中，演示和培训作为传达的有效手段，采用了许多不寻常或新颖的技能。在这里，看到别人经过必要环节成功地使用人工物，或在使用人工物期间接受培训，这远比口头传达使用的计划要有效得多。

无论选择何种手段，传达信念基础的有关部分或其原因对情境是敏感的；有关计划的设计就列举了取钥匙的例子。尽管如此，所有这些传达使用计划的手段不仅仅是向使用者展示人工物。[②] 一个例外或许是普通的大众产品，其物理结构直接表明了使用方法和用途。按钮可以一眼被认出是用来按的，有柄的杯子可以一眼被认出是用来充水和握着的。然而，这些例子可以理解为（部分）使用计划的传达是通过人工物物理学中常见的符号而建立的。我们时刻都会发现按钮是用来按的，手柄是用来握的——这种行动模式在年幼时就能学会，甚至是天生的。因此，设计者可以添加这些特征作为将使用计划的信息传达给使用者的手段。这些特色有时被称为"视觉线索"，[③] 表明它们把行动理论方面的相关信息传达给了使用者。

2.5　产品的设计

我们讨论设计的一般特征没有提到物体 x_1，x_2，…的起源，这些对象是在执行设计好的使用的计划时被操作的。如果这些对象已经存在，设计者只需要

---

① 除非这种游戏非常像一个熟悉的游戏，否则玩这个游戏的整个程序必须传达给新手。对于玩简单的游戏，一本规则手册或许会有效，但其他玩家通过测试游戏或实际的游戏会更迅速地并且有效地学会复杂的游戏。

② 受阿克瑞奇（Akrich, 1992）和拉图尔（Latour, 1992）启发的人工物社会学中，人工物被描述为文本（脚本），它们被设计者嵌入在物体中。使用者通过和这些脚本的互动来决定如何使用人工物：脚本"定义了行动的框架以及使用者和他们应当行动的空间"（Akrich, 1992：208）。尽管该定义没有排除更大范围的传达手段，但重点只是在于使用物体的特征。如果接受对传达的这个狭义解读，那么设计者只是通过人工物的物理属性将信息传递给使用者。

不考虑我们与阿克瑞奇和拉图尔观点之间一些根本的哲学分歧，我们认为后者过于狭隘而不能描述使用者学习如何使用人工物的方法。当然，它适用于一些人工物：日常人工物（如咖啡渗滤壶和开瓶器）有着典型的物理属性，凭此就能够识别它们的使用。但这种方法并不是一般都适用。例如，考虑一下白色无味的糊状物，如填充物、炼乳、抗衰老药膏等。使用者需要通过这些糊状物的容器来区分它们并识别它们的使用。这些容器在图片和打印的文字中包含了如何使用糊状物的明确信息。或者这些容器提醒了使用者注意广告或商店里提供的信息（示范）。该信息部分源自设计者：例如，他们向市场部门传达过如何展示糊状物特征。如果考虑更为复杂的人工物，甚至会更加明确设计者是通过其他渠道而不是人工物的物理属性将信息传达给了使用者。例如，一艘新型核潜艇或最新的核磁共振扫描仪。海军人员是不会从潜艇的属性中就读出操作原理。相反，使用者会被详细培训这些人工物的使用。Houkes 和 Vermaas（2006）更为详细地描述了分析这些例子的区别。

③ Norman（1990）。

指给使用者，作为他传达使用的计划的一部分。如果一些或全部物体不存在，为了相信使用的计划的执行者要依赖于这些物体（即为了满足 D.11 的要求），设计者必须使它们适合于使用者。物体的创建可以被追加为设计的一般特征的另一个阶段，使其成为产品的设计的一个特征。表 2.3 中给出的重构更精确地显示了产品设计是如何被"嵌入"在计划的设计之中。[①] 在产品的标识阶段，决定了在产品的适当设计中要完成的任务。这里有一部分基于设计的（概念上的）前一阶段，其中确定了在执行使用的计划时要操作的一组物体（我们总体上重构设计的 D.5 步骤）。一旦确定了将要使用的物体中有哪个或哪些物体还不存在，产品设计活动就能开始了。[②] 为了简化重构，我们假设只创造了一个物体；设该对象为 x_n。为确保产品设计的成功，产品设计者应该具有得到物理支持的信念来决定要设计的产品所期望的性能，或一个使用的计划，这其中可以测试所操作产品的有效性。产品设计的重构因此能够看成是我们总体上重构设计时对得到物理支持的 D.6 步骤的扩展。

表 2.3 产品设计的重构

产品标识	PD.1 不存在：设计者 d 相信作为执行 p 过程中所操作的物体 $\{x_1, x_2, \cdots\}$ 之一的，有着理化性能 $\{\varphi_{n,1}, \varphi_{n,2}, \cdots\}$ 的物体 x_n 还不存在
	PD.2 设计任务：d 打算致力于实现目标状态 g_n，这包括对有着理化性能 $\{\varphi_{n,1}, \varphi_{n,2}, \cdots\}$ 的物体 x_n 进行存在性描述
产品适当设计	PD.3 任务安排：d 打算描述有着理化性能 $\{\varphi_{n,1}, \varphi_{n,2}, \cdots\}$ 的物体 x_n 以实现 g_n
	PD.4 分解：d 相信部件 $\{c_{n1}, c_{n2}, \cdots\}$ 的复合物有着所期望的性能 $\{\varphi_{n,1}, \varphi_{n,2}, \cdots\}$，其中 c_{n1} 有着性能 $\{\varphi_{n1,1}, \varphi_{n1,2}, \cdots\}$，$c_{n2}$ 有着性能 $\{\varphi_{n2,1}, \varphi_{n2,2}, \cdots\}$ 等
	PD.5 部件的设计任务：对于每个部件 c_{nm}，d 打算致力于产生目标状态 g_{nm}，包括对有着性能 $\{\varphi_{nm,1}, \varphi_{nm,2}, \cdots\}$ 的物体 c_{nm} 进行存在性描述。如果 d 相信这个部件 c_{nm} 已经存在，那么设计任务 g_{nm} 通过描述该物体就完成了。如果 d 相信这个部件 c_{nm} 不存在，那么会进行另外的分解步骤 PD.4、部件设计任务的步骤 PD.5 和整合步骤 PD.6 以完成设计任务 g_{nm}
	PD.6 整合：d 相信不同的设计任务 g_{nm} 是同时完成的，即由被描述的部件 $\{c_{n1}, c_{n2}, \cdots\}$ 组成的物体 x_n 有性能 $\{\varphi_{n,1}, \varphi_{n,2}, \cdots\}$
	PD.7 d 想把物体 x_n 的描述，可能还有它和/或其部件生产和装配的操作指南传达给适当的主体

产品的适当设计是一个递归的活动，设计者自己设置描述物体及其部件的任务。目标状态 g_n 给最初的设计任务下了定义，并且为每个部件安排了额外的附带任务 g_{nm}。安排任务的步骤（PD.3）后面是一系列递归步骤：分解步骤

[①] Houkes, Vermaas, Dorst and de Vries（2002：§3）。

[②] 有可能在没有预设使用计划的情况下生产具有一组性能的某个对象，即要生产某物而头脑中却不知道它的用途。我们在 6.2 节和 6.3 节中考虑这种无计划的设计。

（PD.4）中包含多个部件的配置，它们有各自的性能，共同构成具有所期望的性能的复合物体；设计任务为那些不存在的部件设置了步骤（PD.5）；还有最后的整合步骤（PD.6），这其中考虑到要完成 g_n 定义的总体设计任务。既然该活动以相信要设计的产品尚不存在的（正当）信念为起点，那么没有一次或多次分解步骤的产品设计就相当于发现所期望的产品其实是存在的。这样的产品设计将是现成的工程的极限案例。在另一种极端情况下，递归分解过程必须在某个点结束，否则会无穷倒退。

产品设计的递归阶段创造了一个计划和部件的层级结构。如果设计者有意致力于实现一个目标状态，附带的规划过程就开始了，它以经过思考的行动结束，不需要进一步规划。当出现带有所期望性能的部件时，这种进一步的规划就结束了；然后，就不会再安排任何有意向产生该部件的设计任务。为整合附带的设计任务的所有结果，产品设计者需要相信这些部件能以这样一种方式整合，即复合物体确实有所期望的性能，并且通过操作这个新生产的物体，可以有效地执行原初的使用计划。这两个信念会对产品设计原来任务的完成情况进行由下而上的检查。最后，这个重构假定设计者不是所设计产品的生产者：产品的恰当设计以描述一个物体即构成一个蓝图的意向开始，而不是以生产出物体的意向开始。因此，设计产品的一些结果不得不传达给制造产品的主体（D.7）。这最后一步加到我们的重构中，使其更加现实：设计者现在很少制作人工物。

作为产品设计的说明，考虑一个指甲刀的例子。通过我们的描述，指甲刀的设计过程不是以设计者打算制作一个指甲刀开始。相反，设计者打算帮助人们实现某个目标，他有一个使用的计划或许被执行以实现这个目标，也有一些关于在执行该计划时被操作物体的信念。假设该计划的特色在于以设计者信任的某种设备并不存在。标识这样一种产品和其所期望的性能，就是附带的规划的例子。如果设计者打算致力于实现总体的目标状态，他不得不致力于使这个物体存在，才能实现目标。因此，指甲刀的产品设计开始了。产品设计者一旦把要生产的物体分解成具有各自性能的部件，如应用手动力的部件、将力作用于指甲的部件、变换力的部件和收集剪掉的指甲的部件，这个过程会导致进一步的设计任务。如果设计者相信存在具有所期望性能的物体，那么唯一的任务就是用这样一种方法将它们整合，即复合物体所期望的性能；否则，分解会针对每个不存在的部件产生进一步的设计任务。

产品的设计以计划的设计为前提。构成产品设计的设计任务需要一个目标，它一般在设计的确定目标阶段和计划建构阶段设定。如果没有操作的新物体并借助其物理性能支持这样的使用的计划，可以说，该物体就没有实用的输入，产品设计就没有意义了。正如指甲刀的例子表明，使用的计划可以决定部件的选择，因此在这更为细微的规模下指导产品设计。计划的设计在概念上优先于产品的设计，但这并不需要时间顺序。我们并不认为实际设计中有两个明显不同的阶段，其中第一个阶段以使用的计划的选择结束，第二个阶段将该计划当做固定输入，以新物体的描述结束。正如我们重构的不同步骤在现实中是由迭代和反馈回路来连接的，实际的产品设计可能不会大幅度区别于使用的计划的选择。然而，这些活动在概念上是可以区分的，并且这种区分是比较重要的。

再者，我们的重建或许无法描述实际的设计。我们重建的不同步骤是基于诸如理性这样的概念标准来辨别和整理的，忽略了设计者在实际操作中可能会遇到的问题：例如，它没有包含设计者在设计时的知识基础是逐步发展的情况，也没有融合设计者犯错，或者暂时开发了一个物体的使用计划或描述但随后拒绝它的现实可能性。我们描述的不同步骤不是设计者应该按时间顺序设计的步骤。我们的特征描述并不直接转化成一种设计方法论。尽管如此，我们的重构或许对设计方法论者有用。它描述了设计者一旦完成工作如何可以或应该（部分）合理解释他们的工作成果。设计者随后可能忽略他们在设计的实际过程中是获取知识的，或许也忽略他们曾追求过的其他不相关的事情，但按照我们的重构对其研究给出了一个合理解释（例如，见 Ridder（2006））。此外，它可能对评价设计方法的方案很有价值。在我们的重构中明确区分了关于目标以及完成那些目标的计划的信念，和关于物体性能以及促成计划的行动的信念。因此，我们将人工使用和设计的意向描述及结构描述分开。设计方法论者容易混淆这些描述，将（产品）设计直接描述为主体的目的被转化为物体的结构描述的一个过程。设计者应该会凭借我们重构中的这种区分来完成转化过程，分析该过程中的时间步骤，因此能进一步阐明问题，如知识的类型——科学知识和/或有关使用者行动的知识——设计者需要这些知识来制定这些步骤。[①]

2.6　使用的计划的标准

上面对使用和设计的重构，为我们的技术功能理论提供了背景，它们也提

---

① 例如，Dorst and Vermaas（2005）、Vermaas and Dorst（2007）对 Gero（1990）、Rosenman and Gero（1998）提出的设计方法论的分析。

供了评价框架。在本节和 2.7 节中，我们将表明使用的计划以一种自然的、对情境敏感的和概念上丰富的方式，为评价使用和设计提供了标准。[①]

评价框架的基础与执行或建构使用的计划的环境有关，使用和设计可以基于该使用计划的质量进行评估。在本书中，这种计划的相关质量被表示为（实践的）合理性。在很大程度上这是一个技术术语。在日常语言中，计划可能带有这样一些规范性的标签，如"现实的""健全的""可行的""不切实际的"或简单的"好"，但很少听到计划被认为是合理的或被怀疑是不合理的。我们的计划合理性的概念旨在包括带有肯定意义标签的词语家族的大部分成员，它以有效性为核心价值。[②] 类似地，不合理要充分体现否定意义的标签，以"无效的"或"不适当的"为核心。[③] 换句话说，如果主体凭借它们极有可能实现相应的目标状态，计划就是可取的；如果他们不可能实现其目标，则不可取。[④]

虽然有效性是评价计划的一个核心标准，应用它并不总是那么容易。首先，通常对计划的相对有效性进行评价，其中对照组是由情境和主体的技能决定的。除非一个人没有驾照，否则他或许要思考去上班是坐汽车还是火车；治疗疾病的方法要从治愈率或副作用角度看如何在现有方法基础上改进；家居用品经常因为耗时少、省钱或垃圾产生少而容易出售。

评估有效性在很多情形下是对情境敏感的。例如，这取决于主体将什么视为一个满意的结果。如果某人只想要一杯茶，但几乎没有时间或金钱去消遣，在 2.2 节中描述的普通计划可能就足够了。如果某人的标准更高，这个计划可能会被视为无效。当目标已经实现时，有效性也取决于主体的识别能力。许多人鉴别洗涤剂是通过它们产生新鲜气味的泡沫的性能，尽管此性能和它们溶解

---

① Houkes and Vermaas（2004：§§2-3）。

② 人们或许想知道有效性或工具理性是否是对实践合理性的具体要求或定义。见 Dreier（2001）中有利于解决这种两难推理的定义分歧的有力论证。

③ 有许多评价术语不属于这一词语大家族。例如，称某一计划为"残酷的"当然是评价性的，但这类评价不能在合理性的标题下归类：古代法老通过奴役方式建造金字塔的计划是残酷的，但对于其有效性来说几乎无可置疑。

④ 计划的这个有效性标准可能如此必要，以至于"计划"的概念包含了对有效性的衡量。乘坐纸飞机去月球，或是通过在圆圈里跑而获得博士学位，自然不会被描述为不合理的计划；人们会说这些根本就不是计划。其实在这些疯狂举动之中一定是有某些方法提及计划。我们从"计划"的概念中去除这些评价性的内涵，并把每个目标导向系列的经过思考的行动称为计划。我们可能在某种程度上人为地把对计划的评价视为外在的，而不完全是内在固有的。

不过，在我们描述计划时所使用的"目标导向"的概念，可以被视为具有隐蔽的规范性。这似乎在遮蔽信念一致性的隐性标准，正如正文稍后所介绍的：建构或执行一系列经过思考的行动的主体如果相信它们没有任何机会导致目标状态，那么似乎没有理由在计划中纳入这些行动；因为它们是任意系列的行动，意向上可以是个体的，而不是群体的——这是散文片段或尝试性的诗歌的实践等价物。

油脂的性能关系并不大。如果要在两种同样有效的洗涤剂之间选择，而其中只有一种产生泡沫，一般的消费者会选择产生泡沫的洗涤剂。严格来说，这种偏好可能是不合理的，但很少有人去怀疑它。因此，在很多情况下，如果主体合理地相信目标可以通过执行它来实现，而且没有更好的（即更有效的）替代，那么该计划可能被判定为有效。

我们撇开所有这些难题，假设计划可从其有效性方面评价，最有可能用情境敏感的方式。除了有效性之外，我们有时采用使用的计划的一些其他标准：目标一致性、手段与目的一致性，特别是信念一致性。这些在文献中一般被提出作为计划的标准或需求。① 下面，我们简要介绍每条标准，并给出应用于使用的计划的例子。

2.6.1 目标一致性

一些计划指向多个目标，如晚上散步的时候计划邮寄一封信。而其他计划除了明确的核心目标，还要打算实现附带目标。开车的主要目标可能是运输，但在下班开车回家时或许想听到最新的新闻，同时实现了两个目标；或许人们想要安全驾驶，以一个特定的方式实现了主要目标。

如果执行计划为一个以上目标服务，该计划必须是目标一致的：执行计划的主体必须合理地相信通过执行该计划可以实现两个目标。如果主体没有此信念，或如果它是不合理的，该计划则是目标不一致的。② 如果司机知道他的汽车没有收音机或其他视听设备，那么在开车回家时听新闻的计划是目标不一致的；但如果司机不知道收音机自从上次用车时就坏了，那么开车时计划使用收音机仍然是合理的——直到司机以合理的方式修正他的信念。

一些作者指出几乎所有的计划都是嵌在层级结构中。③ 这对使用来说是尤为清楚的，我们的重构已经提出了如何建构计划的层次结构。此外，人工物使用很少只服务于它当下的目标。我们开车基本上是用于交通，但我们这样做的方式反映了各种不同的、更具包容性的目标。例如，安全并不是只属于私人运输的事，它经常反映了对自己和他人健康的普遍关心。这些一般性的关心也可能决定使用哪种人工物，或是否使用人工物。为了尽量减少油耗，可以避免使用车内的空调；为了安全起见，可以决定不玩蹦极。基于计划的层级结构，执

---

① Bratman（1987：§3.2）。

② 布拉特曼（Bratman，1987：31）把这个标准称作"内部一致性"。我们选择性地称它为"目标一致性"，因为计划的内部结构比它们单一的目标导向性要多。

③ Bratman（1987：29）、Pollock（1995：233，§7.2）。

行一个特定的使用计划可能被认为不一致；可持续行为方面的许多不一致性表明，这种对计划的评价或许非常微妙和具有争议性。

作为第一步近似，我们忽略了使用计划的这种层级嵌入，关注使用计划实现其特色目标的有效性。我们将安全性与可持续性视为次要的目标，它们用于从一组同样有效的计划中选择一个计划。用这种方法，我们避免这样的结论，即安全，可持续性，或者——甚至更广泛的——引领美好生活是几乎所有人工物的功能。

2.6.2　手段与目的一致性

许多使用的计划的有效性取决于不同手段的可用性。如果没有咖啡渗滤壶，那么用咖啡渗滤壶煮咖啡是无效的，但煮咖啡也需要咖啡和水。手段与目的的一致性，包括人工物本身和辅助物品的可用性；我们的使用-计划方法对这两种物品不加区分。当且仅当执行计划的主体有理由相信人工制品和辅助物品对她可用，该计划才是手段与目的一致的。

手段与目的一致性部分地解释了制订计划的典型机制。此外，如果油箱是空的，轮胎气压过低，或窗户上沾上了泥，开车的计划就不能成功执行。因此，司机不得不时常停在一个加油站、车库或洗车店。这些活动中有许多都用他们自己的子计划；例如，荷兰的加油站有着一套固定流程，在加油处停车，关闭发动机等，这些是司机应该遵循的。此外，司机通过建构实现辅助目标的子计划，或许开发出一些应对这些目标的方法。例如，有人可能会选择在轿车的行李箱里装载一个汽油罐，或是每当油表显示剩四分之一时就加油。凭借慎思的这些机制，由计划引出了子计划，该机制是由理性的思考驱动的：如果使用者知道辅助物品不适用，那么该计划是手段与目的不一致的；因此，执行计划的人应检查并确保这些物品的可用性以避免不合理的计划。

2.6.3　信念一致性

计划是改变这个世界付出的积极努力。就这一点而论，它是基于对世界、我们自己的信念以及行动的效果。一个相当宽泛的标准或许会基于该计划的信念基础，它被阐述为"如果我的信念是真实的，我的全部计划应该会成功执行的"。[①]

我们的信念一致性标准有时比文献中的还要严格，因为这种严格的标准更

---

① Bratman (1987：31)。

适合我们的技术的功能理论。假设有人使用泡沫聚苯乙烯的杯子作为和火星探测器交流的设备，放在嘴边讲话并在耳旁仔细收听。当接受采访时，这个人否认他在做戏，断言这个杯子用所描述的方法使用时是一个通信设备。由于该计划与这个人的信念一致，它满足了前面所表述的信念一致性的标准。然而，使用泡沫聚苯乙烯的杯子作为行星间的通信设备是如此无效，以至于它可能被怀疑是不合理的。这种安排就要求使用的计划不仅仅要基于实际信念，还要基于正当的或合理的实际信念。我们不苛求真实的信念或知识。原因在于即使是看似思考得天衣无缝的做法都不能保证产生有效的计划。例如，某人可以有理由相信他能从阿姆斯特丹中央火车站骑车途经水坝广场到凡·高博物馆，却发现由于（未通知的）施工，水坝广场封闭了。从直觉上说，除了计划结果没成功，导出旅行计划的这个过程没什么问题。因此，我们选择将那些有正当根据但信念错误的计划评价为合理的。

2.7 评价人工物的使用与设计

由于使用过程可以分析为使用的计划的执行，那么使用的计划的标准或多或少就可以直接转化成人工物使用的评估。相比之下，设计的衍生标准更为复杂，但也更有潜在价值。现在我们逐一讨论使用和设计的评价框架。

2.7.1 合理的和恰当的使用

如上文所述，对计划可以从合理性角度进行评价。因此，如果使用过程可描述为使用的计划的执行，那么当且仅当执行合理的使用计划时，人工物的使用才是合理的；否则是不合理的。如果某人有理由相信椅子可承受一个人的重量（即执行的使用的计划是有效的），并且没有比椅子更适合站在上面的人工物（即执行的使用计划是有效率的），那么站在椅子上换灯泡是合理的。因此，个人使用者的信念和具体情境，如他们的体重，决定了人工物使用这一特定的事件是否合理。

这种合理使用和不合理使用之间的区别，不同于恰当使用和使用不当之间的区别。人们经常用后面这对术语来评估使用的过程。正如导论中所论述的，许多人工物的保修单上都有关于使用不当的不保修条款。这种恰当使用和使用不当之间的区别也能从使用的计划的角度分析：当且仅当正是这一使用的计划的执行在某一群体中被接受，人工物使用才是恰当的。这种对使用的计划的认可或优待或许与合理性无关。有理由去假设（和希望）合理使用与恰当使用重叠。但是，作为第一种近似，我们将"使用不当"这个概念作为"社会不认同"的一种表达方式，表明该使用的计划的执行不是社会所期待的或在情境下恰当的。在 2.2 节所列出的不同条件可用于决定这一点。

一些例子可以阐明"使用不当"这一描述性的概念。床单是越狱的一个有用的而且是老一套的工具。事实上，使用床单可能是在囚犯所处情境中最合适的计划，因为门卫竭尽全力确保囚犯没有办法越狱。因此，使用一连串床单越狱或许是合理的。尽管如此，它是使用不当的例子，原因很简单，越狱是一种犯罪行为。如果囚犯将辛苦收集到的吸管做成梯子，这同样是不恰当的，也是不合理的。相反，使用汽车作为私人交通工具是恰当的，因为它被社会所认同（当然至少司机是清醒的）；而在高峰期开车穿过三个街区则是不合理的（当然至少司机能走路），但却是恰当的。

就目前而言，这种对恰当与不当之间区别的描述性阅读已经足够了；直到 4.3 节和第 5 章我们再作进一步讨论，更为具体地理解这种区别，对我们人工物的功能理论很重要。

2.7.2　良好的设计

基于我们对设计的使用-计划分析，我们也能为这种活动给出一个评价框架。2.4 节中的重构引出了设计中执行的计划，即一系列经过思考的设计行动，每一个都有信念基础。因此，在 2.6 节中计划的标准可以用于设计，这和它们应用于使用的方式一样。正如使用一样，当且仅当执行了一个有效的、目标一致的、手段与目的一致的，以及信念一致的设计方案，设计才是合理的。我们逐一讨论每个标准，看它们如何可以用来评估设计。

首先是有效性。由于某一项设计方案的目标是要促进其他主体目标的实现，设计的有效性是由设计者的影响程度来决定的。对于所有类型的设计，对实现目标的影响力包含一个使用的计划，执行它应该会使目标实现。因此，设计过程的有效性需要建构于其中的使用计划的有效性。如果设计者建构了一个不合理的使用的计划，并且不帮助使用者实现目标，那么他就没有完成自己的目标，设计就是不合理的。

使用的计划的有效性和设计的合理性之间的这种关系，是我们设计的评价框架的精髓。然而，计划有效性对良好的设计是不充分的。为了成功地帮助使用者，设计者也应该向使用者传达有效的计划，包括其有效性的条件。此外，如果设计者调整了通过执行使用的计划来实现的目标状态，这种调整应该是适当的：通过给使用者提供沏茶的有效计划来帮助他们实现烤面包的目标，那可是糟糕的设计,尽管建构的使用的计划是有效的。因此,有效性影响着我们重构中区分的设计的三个阶段,也影响着产品设计中介绍的其他阶段。这种对有效性的强调导致一种悬而未决的可能性,即(产品)设计者的作品是基于已知不正确模型,就连设计者自己都知道这一点。只要他们对传达的使用计划有效性的信念是正当的,如基于广泛的测试,这样的设计可以被评价是合理的。这给在规划中起重要作用的信念应该正当但不必真实的这项要求,又提供了一个理由。

现在,让我们看一下每个附带标准。设计没能做到目标一致有多种方式,这不应该与设计者的信念相混淆,即执行计划对使用者来说是目标一致的。设计者可能希望帮助两组有着略微不同目标的潜在使用者。然后,在帮助其中一组时,设计者可能没有做到帮助另一组,或者更糟:在建构帮助双方的计划或产品时,他可能两组都没帮上。比如可以考虑一下杂合人工物,设计用于不同的目的,通常是进行一些轻微的修改,如更换部件。食品加工器是一个相对成功的例子,但也有许多不太成功的案例。① 如果设计除了导向帮助使用者这一核心目标外,还导向其他一些目标,那么设计同样是目标不一致的。虽然我们将确定目标视为设计的核心目的,但实际的设计是受许多其他因素束缚的,如成本效益、时间的限制、赶在竞争对手前为新产品申请专利的渴望等。如果这些额外的目标干扰了为使用者提供有效的方法以实现其目标的目的,它们或许会导致目标不一致。

手段与目的一致性为设计提供内在机制,它与使用的机制非常相似;因此,非常简要地说明它对设计的应用或许就足够了。正如使用人工物涉及搜索必要的辅助物品并计划附带行动,合理的设计则要求去寻找包含在设计方案中的所有行动的手段,为使用这些手段制订附带的计划。例如,手段与目的一致性要求设计者通过适当的方式,将使用的计划传达给潜在使用者。

最后,设计方案具有广泛的信念基础,这只是和使用的计划部分重叠。这意味着信念一致性标准对设计有着广泛的影响。例如,设计者应该相信他有所需的技能通过使用的计划来帮助潜在使用者实现其目标。虽然建筑师可以想象设计一个复杂的电器,但他主要是设计建筑物的。信念基础的其他部分在我们重构中的加上括号的"信念步骤"中进行了阐明,它关注建构的使用的计划、

---

① 杂合人工物失败的一个例子就是皮科洛(Piccolo),它是 20 世纪 50 年代生产的多功能家用电器。它既是如今食品加工机和吸尘器的前身,也可用于喷油漆和农药、研磨咖啡豆、钻小孔和清理地毯。一个同样不成功的设备竞争对手,名曰精灵,它既可用作吸尘器也可用作电吹风,其不幸的结果是可以想象的。

其中操作的物体和计划执行的情境。为了获得这些信念，设计者不得不设身处地为使用者着想，以想象在使用者情形下最好做什么。这需要典型的物理情境信息，使用者在其中寻求实现某些目标，还需要他们能依靠的技能信息、替代手段的可用性信息等。因此，通过信念一致性，合理的设计需要有对使用者的技能、情境和可用人工物的正当信念，正如合理的使用一样。

即使对于那些关注计划及其执行的信念，信念一致性对设计的要求也要比对使用的要求更苛刻。不像使用者那样，设计者不得不考虑他所建构的使用的计划的的所有潜在的执行和执行者。例如，由于这些潜在使用者可能有不同的技能和资源，帮助一组人或许会减少帮助另一组人的机会，这意味着设计者不能一致地拥有关于这两组人的技能相容的信念。如果一个设计者想尽可能地让其计划具有包容性或通用性，[①] 信念一致性就使良好的设计成为一个相当大的挑战。

---

① 包容性设计，也称为"通用性设计"或"为大众设计"，对产品设计者来说是一个越来越重要的话题，他们面临的是目前大多数市场中迅速老龄化的人口。对该领域问题和方法的介绍，见 Goldsmith (1997)、Clarkson，Coleman，Keates and Lebbon (2003)、Clarkson and Keates (2003)。

第3章 功能理论

在第2章，我们从有关主体的目标、信念和行动的角度，分析了人工物的使用和设计。在本章中我们转向人工物目的论的视角，这在哲学和工程学中更常见。这个面向物体的视角把我们引入了核心问题，即发展一个适当的技术功能理论。

在本章中，我们以评论文献中目前讨论的各种人工物的功能理论来启动这项研究。这种评论有两个目的：首先，它表明现有的人工物的功能描述理论不适合我们所寻求的目的——我们认为现有的功能理论不满足我们在第1章给出的说明技术人工物四种用处的需要；其次，这种评论有助于发展我们自己的功能理论，它确实满足说明这四种用处的需要。我们通过考虑三个典型功能理论——意向功能理论、因果-作用功能理论和进化的功能理论——来进行评论，这样可以视为涵盖了现今的功能理论。然后，我们在第4章提出的方案就通过采用那三个基础理论中的有用材料来进行建构。

3.1 技术人工物的功能理论

在技术功能上保持沉默的人工物哲学将是不完整的。在第2章，我们将人工物使用和设计分析成行动，把它们和主体的目标、信念和行动相联系。通过建立这种联系，我们为人工物使用和设计提供了以主体为中心的行动理论视角。但一个更为面向物体的视角也是可能的：使用的过程可以描述为使用物体实现特定功能；设计可视为对实现这些功能的物体的选择。当我们考虑人工物的使用时，这个视角可能具有次要价值：使用人工物的主体这么做主要是为了达到目的，通常不从这些人工物的功能的角度描述使用（Houkes and Vermaas，2004）。因此，我们选择不把功能的概念涵盖在我们对使用的基于行动理论的重构中。然而，一个对设计的类似论证似乎站不住脚。在设计方法论中，人工物的功能通常说得很明确：关于功能描述的推理是工程设计的重要部分，[1] 一

---

① 工程设计方法论的领域里缺乏共识，甚至都没有达成共识的目的（Vermaas，2009a）。但是，对设计提出的诸多方法论中，功能推理是一个关键要素。例如，对18种不同的方法论中功能建模的调查，见 Erden 等（2008）。

些方法论学者，如葛洛（Gero，1990）、罗森伯格和埃科尔斯（Roozenburg and Eekels，1995），甚至将设计定义为所需功能转化为实现这些功能的物体的（结构）描述的活动。因此，这样的假设似乎是合理的：不像使用者那样，设计者描述他们自己的活动，有一部分是从功能的角度出发的。[①]

我们关注技术功能的另一个原因，是哲学中有一个总体趋势，将技术人工物主要或者从根本上视为有着功能的物体。论证这个正统的功能方法成为哲学家的核心任务，他们思考人工物以给出功能描述的理论。正如导论中所明确表述的，我们认真对待这项任务，因此我们将关注点从面向主体的描述转向面向物体的描述，前者是就行动而言的，而后者是就功能而言的。

有一些方案可供功能理论进行选择。尽管一些哲学家在理解人工物时将功能置于核心地位，但目前对功能的争论只是采用一种附带的方式和人工物的功能相关。如果这种争论被视为从亨佩尔（Hempel）和内格尔（Nagel）对功能解释的研究，经过鲁斯（Ruse）、卡明斯和赖特这样的学者，部分转化为对功能概念本身的争论[②]，那么大多数文献关注的是生物学领域的功能。社会功能、心理学的功能、语言学的功能也逐渐受到了相应的关注，但是技术功能远没有受到关注。即便它们在文献中被提及和讨论，也是一笔带过。它们被匆匆论述，当作简单的、哲学上无关紧要的案例。[③] 技术的功能可至多充当衡量其他功能描述的标准——例如，对比技术和生物学中的功能描述可以用于表明后者的问题所在。

我们对于关注人工物的领域之外的功能描述没有争议。鉴于对产品的功能描述中流露着目的论，科学哲学家热衷于解释生物学中功能描述的使用是可以理解的。认知科学和社会科学的功能描述作为采纳意向性的一种可能途径，在心灵哲学中越来越重要。技术的功能分析并不与这样宏大的哲学计划关联，也不涉及这些研究成果丰硕的学科中熟悉的概念问题。然而，"功能"是常识和人工物的工程描述中的一个核心概念。

由于对不同功能话语的关注度不同，技术领域中的功能描述的复杂程度被忽略了。作者通常阐述一个生物功能或社会功能理论，给出他们的方案作为可应用于人工物的一般理论，但关于他们的理论如何应用于那些人工物却不太具体。因而或许产生这样的方案，在应用于生物学领域时是精心制订的、复杂

[①] 我们在对设计的重构中还没包括对功能的明确引用。然而在第 4 章中，我们将确认有着特定性能的人工物的功能，这些性能在该重构中的 D.7 步骤提到过（见表 2.2）。

[②] 参见 McLaughlin（2001：part II）。

[③] 参见 McLaughlin（2001：61）和 Perlman（2004：31-46）。

的、显著的，但应用于技术领域时却是模糊的、朴素的、随意的。例如，塞尔（Searle，1995）描绘了主体把功能赋予产品的能力，将这种描述作为他建构社会实在的一部分，并将此分析扩展到了人工物。但是，正如我们在 3.2 节所表明的，至少有两种不同的方法来理解人工物的功能分配的这种应用。再举一例，格罗和帕盖特（Bigelow and Pargetter，1987）已经给出具有远见的倾向功能理论，这在生物学领域同诸如尼恩德尔（Neander，1991a，1991b）的保守的原因功能理论形成了鲜明对比。然而，这种对比在技术领域逐渐消失：这些作者分享了一个朴素的立场："设计者和使用者的意向决定功能"。当然，这个有所疏忽的规则是有例外的。卡明斯在他开创性的论文（1975）中，对功能的定义就可直接用于人工物的部件。普雷斯顿（Preston，1998a，1998b，2000）是少数几个明确地、广泛地谈论关于人工物的功能的作者之一。

在本章中，我们评论哲学文献中目前讨论的功能理论。我们表明哪些分析技术人工物的功能描述的方案是已经存在的，我们认为这些方案对于技术人工物的领域是不够的：这些理论不能适应人工物的现象学，因为它们不满足说明适当的-偶然的用处、功能偶发性失常的用处、得到支持的用处和创新的用处（见表 1.1）。在我们的批判分析中，我们也设法分离出现存功能理论的有用要素。这些要素用在第 4 章来发展替代性的功能理论，它确实满足说明技术人工物用处的需要。这种替代理论基于我们从使用的计划角度对人工物的分析，表明了我们使用-计划的方法在处理微妙问题，尤其是技术人工物的功能描述时是具有多样性的。

我们的评述

在开始综述前，一些关于其结构的评论或许有帮助。

首先，大多数现有的技术功能理论的不完全性，既允许我们也要求对功能理论的评述，不是作为对相继的精致方案的评估，而是要进行一种更加系统的、全面的评估。我们确定了三个基本的功能理论，它们可看成是现存理论的典型，然后我们去评估所有可以凭借这三个基本理论建构起来的功能理论。这些基本的理论就是意向功能理论、因果-作用功能理论和进化的功能理论。正如我们将表明的，它们每个都不满足说明功能偶发性失常的用处、得到支持的用处和创新的用处中的至少一种。这个结果可以让人想到这些基本理论或许会修复对方的缺点，表明这些基本理论的组合或许好于每个单独的理论。然而 3.5 节中对"组合"的相关含义的分析证明这是错误的。

我们已经选择了我们的基本理论，部分原因是它们以及它们的组合指向现有的功能理论相似。因此，我们的批评模式意在应用于所有现有的或不存在的理论，这些理论是我们这三个基本理论所界定谱系内的要素。这种评论不应该被视为对现有理论的一个无条件的、具体的批评。这三个基本理论有两个仅仅和已有的方案相像。一些方案可能因此就不在本章讨论范围内，或是其（重新）解释。我们设计的方法是为了系统地探寻并举出技术领域中功能理论面临的难点，它不是为了辩论而设计的。因此，我们避免了对现有方案的冗长的解释性分析。鉴于前面所说整体上缺乏完全清晰的构想，明确评估现有的理论无论如何都不太可能。我们确实为功能理论考虑了一些更为人们熟知的方案，但只是粗略地讨论。为了了解基本的功能理论，主要是对我们人工物哲学发展感兴趣的读者可以考虑只阅读 3.2、3.3、3.4 节的第一部分，而跳过本章的剩余部分。

其次，我们在综述中强调两种功能理论的区别。第一种功能理论将描述为物品可能具有的属性，它独立于主体的信念和行动；这些理论是对"x 有 φ 的功能"这个说法的分析。另外一种分析了主体对物品合理的或正当的功能归属，这依赖于他们的信念和行动；这些理论探讨了"主体 a（有理由）将'φ功能的'归属给 x"的说法。在文献中这种区别是含蓄的。原因或许在于没有太大意义进行这种区分，用来分析生物学领域的问题：沿着第一个、独立于主体的思路来分析功能描述似乎是自然的甚至是必要的。对于人工物来说，这不是给定的，因为人工物的功能描述似乎和主体的信念和行动联系得更紧密。

再次，我们选择把我们的第三个基本理论叫作进化的功能理论，而不是原因理论。要承认的是，我们的进化的功能理论与米利肯（Millikan，1984，1993）的直接适当功能的原因理论和尼恩德尔（Neander，1991a，1991b）的生物功能原因理论相似。但两位作者在其理论中添加了一些在我们看来并不能叫做进化的要素：即米利肯的衍生适当功能和尼恩德尔的技术功能。因此，我们引入自己的"进化"标识，这是为了将米利肯的部分原因理论描述为一个进化理论，揭示尼恩德尔关于技术领域的原因理论实际上是一个意向功能理论。[①]因此，我们对现有功能理论的综述和通常的不一样。它识别出了技术领域特有的问题和特点，还引出了一个对现有功能理论的不同分类，以区别于从生物学角度考虑这些理论产生的分类。

---

① 在对生物功能的分类学研究中，沃尔什和亚瑞（Walsh and Ariew，1996）也区分了进化理论和原因理论，但他们把后者看成是前者的特例。例如，沃尔什和亚瑞的进化理论包括比格罗和帕盖特。我们对技术功能的关注从一个不同的方向对我们进行引导。原因理论和进化理论之间的联系在技术领域变得不太清晰了。比格罗和帕盖特的倾向理论在应用于人工物时，似乎是一种意向功能理论。

最后应该指出，要评估由这三个理论界定的功能理论谱系，我们只需要通过考虑这三个基本理论是否满足说明功能偶发性失常的用处、得到支持的用处和创新的用处的需要。这种检验已足以表明这些功能理论不能被视为满足说明我们的技术人工物所有用处的理论。因此，认为这些功能理论中有一些也不满足说明适当的-偶然的用处便是多余的。此外，这里引入我们第二个目的，这种评论意在汇集发展我们自己的功能理论方案的手段。正如上面所说，我们需要一个功能理论，一个在我们使用-计划方法的背景下，导出满足说明所有用处的人工物理论。这种使用-计划方法本身已经提供了满足说明适当的-偶然的用处的方法，这区别于恰当使用和合理使用（见 2.7 节）：当在恰当使用的情境下考虑人工物时，适当功能在任何理论中都可视为该理论描述的那些功能。偶然的功能可视为那个理论所描述的剩余功能（我们在 4.3 节采取这个方法，认为我们的方案满足说明适当的-偶然的用处的需要）。因此，我们现在主要对那些用于说明功能偶发性失常的用处、得到支持的用处和创新的用处的功能理论感兴趣。

3.2 意向功能理论

我们的第一个基本理论叫做意向功能理论，或者更简单地说是 I 理论。在这个理论中，主体的意向、信念和行动决定了人工物的功能描述。详细阐述这一点的一种方法如下：一个主体设计或建构了一个人工物，头脑中有着一个具体的目标 g 或是性能"φ"，通过那些行动，人工物或许在功能上分别被描述为"实现 g"或"体现 φ"的物品。或者，一个主体使用人工物来实现 g 或体现 φ，或是仅把人工物视为用于这些理由的东西，这个事实就足以作为根据来把人工物分别描述为实现 g 或体现 φ 的物品。用较为抽象的术语阐述这点，可以说在 I 理论中，主体将一个功能归属为一个人工物，这是通过将其嵌入一个手段和目的的系统中——通过描述或使用它，或只是思考。就是说，主体将物品用于促成目标，基于这些目标在功能上描述物品本身及其组成部分。这个"手段与目的嵌入"的过程可以是偏袒的或是公正的：主体归属"I 功能"时可以和他自己的目标相关，或者和他当下实际上不感兴趣的目标相关。

为了使我们对这个基本理论的描述尽可能广泛，我们并不特意要求归属于人工物的功能和预期目标 g，即应该通过操作人工物获得的事件状态相一致，或是和性能"φ"，即有助于实现这些目标的人工物的理化特性相一致。各种立场似乎都可能。正如我们以下所示，尼恩德尔（Neander，1991a，1991b）的理论可以视为一个 I 理论，其中功能就是目的，比格罗和帕盖特（Bigelow and Pargetter，1987）的理论可以视为一个功能对应于性能的理论，而麦克劳克林（McLaughlin，2001：52）却拒绝这种区分。此外，因为大多数构想和例子都隐含着歧义性，对于那些没有明确选择立场的作者，决定其立场是很难的。例如，一个电灯泡被赋予照明的功能，一个人就可以将其解释成预期事态的归属——在这种状态中有足够量的光线照在灯光周围的物体上——或解释成性能的归属——灯泡发光的性能。

另外一个隐含的问题是关注将功能视为物品属性的理论与主体将功能归属于那些物品的理论之间的区别。意向功能理论更像是第二种类型的，因为它从主体的行动和信念角度分析了人工物的功能描述。尽管如此，一些类似于 I 理论的现有功能理论蕴涵了将功能作为属性的方法；比格罗和帕盖特（Bigelow and Pargetter，1987）的观点再次成为一个例证。为包含所有现有的方案，我们将 I 理论视为一个至少在原则上能同时属于这两种类型的理论。

如此说来，意向性的理论在技术领域有一些明显的优势。更重要的是，它立足于意向行动和人工物的功能归属之间的直观联系。此外，它的范围较广。它可以用于说明能正常发挥功能的物品，也可以用于说明功能偶发性失常的物品：毕竟，一个人可以将某件事情看作达到目的的一个手段，即使它不起这样的作用。I 理论也顾及了不同情境下同一个人工物的各种功能归属：主体能把任何物品嵌入到不同的手段—目的系统中。最后，I 功能可归属于传统的和高度创新的人工物。从其余三种用处的角度对这一点进行总结，很容易看出意向功能理论满足说明功能偶发性失常的和创新的用处。

然而，从这个角度看 I 理论也会表明它没有满足说明得到支持的用处的需要。关于一个人工物的信念，如果在定义上看，足以将其嵌入到任何手段-目的的系统中，那么意向功能理论不要求对功能归属的任何支持。就这一点而论，该理论允许各种直觉上不正确的功能归属。一旦设计者或使用者将轿车作为达到目的的一个手段，那么将地下行驶的功能归属于一辆普通的轿车，完全可以作为 I 功能被接受；在科幻文献①和技术幻想中的其他功能归属也是如此。在更普遍的意义上，I 理论范围如此之广，是因为它容忍功能扩散的问题。在这一理论中，功能归属根本不需要支持，所有直觉上的次一级动机都是额外的功

---

　　① 菲利普·K. 迪克（Dick，1957）描述的机器提供了一个漂亮的例子，该机器通过物质的神奇复制的机制来生产咖啡和其他饮料——这种现象在某一特定描绘的想象世界中会发生。如果没有神干预这种事情发生，或者如果它不能用于生产咖啡，人们很可能会犹豫要不要把该机器描绘成具有制作咖啡功能的机器。

能归属的基础。比如说当某公司的一个化学工程师设计了一款新型清洁剂，除了去除衣服污渍，许多目标都可发挥作用：公司的董事可能需要增加清洁剂市场的份额并打破竞争对手的垄断，或者工程师的目标可能是赚足够的钱付给房东。这些愿望足以将清洁剂嵌入到不同的手段-目的系统中；和这些系统相关，清洁剂可以被赋予削弱竞争对手的市场份额并保障工程师的住房的功能。很明显，I理论没有资源来区分人工物所起的额外作用及其技术功能。

现有的意向功能理论

技术功能和意向、信念、行动相关联的这种直觉可在文献中找到，并融入到现有的功能理论中。因此，众多方案在某种程度上都类似于意向功能理论。我们并不将其全都列举出来，只举四个例子以表明我们的整体评述是如何应用于现有的具体理论的，并举例说明我们所作的一些区分。

目前只有一个理论，尼恩德尔（Neander，1991a，1991b）的理论真的适合I理论的定义。其他理论只是和它相像，但也包含另外两个基本理论的要素，下面给出了定义。例如，比格罗和帕盖特（Bigelow and Pargetter，1987）的理论把进化的要素加入到具有优势的意向方法之中来研究技术功能；麦克劳克林（McLaughlin，2001）增加了类似于因果-作用功能理论的要素。其他理论在一些阐释上适合该理论，但如果阐释得不一样就和另一个基本理论相似了：塞尔（Searle，1995）的理论缺乏在技术领域里的清晰应用，就提供了这样的例子。

尼恩德尔

尼恩德尔是以她对生物功能具有深远影响的研究而出名，但她的原因理论事实上更普遍。它是基于一个简单的、普遍的定义，即"一个性状的适当功能是去做任何被选择的事情"。[①] 当尼恩德尔就生物个体具体阐述这个定义时，"选择"这个术语指的就是"自然选择"，正如新达尔文进化论定义的那样。[②] 由此导致的理论归在了进化的功能理论的标题下，正如3.4节中定义的那样。当尼恩德尔转向技术领域时，就和进化理论失去了联系。她没有运用人工物的一些进化观点去定义人工物的功能——这种可能性她曾简要记录过[③]——而是让"选择"指称主体的意向选择。这个过程不对重复再生的生物个体的现有"世系"起作用，即在众多世系中慢慢倾向于其中一个；相反，它是一个单独的过程，

---

① Neander（1991a：173）。
② 尼恩德尔对生物个体适当功能的定义能在Neander（1991a：174）中找到。
③ Neander（1991b：11）。

即短时间内在单个人工物层面起作用。用这种方式,尼恩德尔概括总结的技术功能特点如下:[①]

我主张人工物的功能就是主体设计、制造、或(至少)将其摆在合适的位置或保留它的目的……

独特的发明,就像是詹姆斯·邦德的公文包的附加物,可以有独特的适当功能,因为可以分别选择它们达到特定效果。……以意向选择为例,如果设计者相信或希望人工物有所期望的效果并选择它用于该目的,这就足够了。

对尼恩德尔来说,一个人工物的(适当的)功能因此对应于目标,可以基于涉及人工物的设计者和其他主体的信念进行归属。这立即导致了问题的扩散,扰乱了纯正的 I 理论:如果一个工程师希望他设计的汽车能在地下穿梭,或是一个主体买了一辆用于这种目的的交通工具并存入车库,他们或许会把地下交通运输的功能归属于这辆交通工具。

比格罗和帕盖特

在比格罗和帕盖特具有前瞻性倾向的功能理论中,一个物品"由于它具有相关的效果,当它有着选择的倾向时就会具有某种功能"[②]。这是作为功能的一般性的、核心的特征呈现的,该特征是用生物学和技术领域,即该论文中突显的两个领域中稍微不同的方法来研究的。在生物学领域,倾向是由被归属了功能的个体的实际性能赋予的,相关的倾向可以增强生命力[③],即功能使得一种倾向在特定环境下受到自然选择的青睐。对于技术领域,倾向就不是物品的实际性能赋予的了,而是由性能的表征所赋予的。这大概意味着当技术物品的表征有着相关的效果时,将选出的倾向赋予包含该物品的人工物时,技术物品就具有功能。这些表征或许参与设计人工物的过程,比如设计它们的工程师对所生产的人工物的性能有着显性知识。技工或许很大程度上对相关的性能一无所知[④],为了解释他们生产的物品,比格罗和帕盖特在选择时也考虑了性能的表征。[⑤]

这种技术功能的倾向理论只在一个段落做了简要描述。然而,它对表征的强调使它几乎完美地适应意向功能理论。如果主体相信一个物品作为人工物的

---

① Neander (1991b:462)。

② Bigelow 和 Pargetter (1987:194)。

③ Bigelow 和 Pargetter (1987:192)。

④ 比格罗和帕盖特给出了仿造锤子的例子:技工知道锤子能很好地用来钉钉子,却不需要意识到被仿造锤子的形状使得该工具得以平衡 (Bigelow and Pargetter, 1987:185-186)。

⑤ Bigelow 和 Pargetter (1987:194)。

一部分具有性能φ，即代表其拥有这种性能，并因此选择了这个人工物，那么该物品就有着性能φ。和最初的原型的最初的设计相比，这些性能可以在其他时刻得以表现，这就更加扩大了这个功能理论的范围。从字面上理解，比格罗和帕盖特认为每个人都是出于某种目的选择人工物的，由于它的性能的某种表征，大家会将功能归属给它。① 既然"选择"的相关概念是不确定的，或许像尼恩德尔的概念那样，维系它或只是放在一定位置上，就使得这个倾向理论容易受到我们对 I 理论典型批评的伤害。当一个主体将外表奇怪的交通工具描绘成有着地下交通运输的性能，将其放入车库，或者因为该表征或信念甚至将其放在博物馆展览，如果说这种交通工具就有着地下运输的功能，但缺乏所有的支持。②

麦克劳克林

另外一个和 I 理论相像的功能理论是由麦克劳克林（McLaughlin，2001：ch. 3）构想的。③ 他写道：

在全部人工物的功能例子中，决定它们的功能或目的完全是外部的。它依赖于设计者、制造者、使用者等的实际意向，无论这些社会上决定的意向实际是怎样的。这种功能或意向可以随想法的改变而改变，我们能交替使用目的和功能这两个术语。④

对于麦克劳克林，主体的这些实际意向不仅必要⑤，而且几乎足以用来赋予功能。设计者或制造者本不需要创造人工物的物理结构，使用者本不需要人工物的确发挥了功能的证据。"虚拟设计"的意思是设计者决定使人工物保持原状，或者"虚拟干预"的意思是使用者决定（最终）使用人工物，这两者就足够了。麦克劳克林提到的唯一约束是这个虚拟设计或干预"实际上是可能

---

① 有人或许认为在淡化设计者的表征时，比格罗和帕盖特从意向功能理论转向了 3.4 节中讨论的进化的功能理论。然而，不像进化的理论那样，技术功能的倾向理论并没有把任何作用归属给物品或其原型的物理构造：表征完成了全部工作。

② 有人或许回应说，正如在生物学领域，比格罗和帕盖特只是主张倾向理论提供了技术功能最有发展潜力的理论，却并未声称他们论文中的概要就是这种正确的倾向理论。事实上，我们自己对一个技术功能理论的方案和倾向理论一起共享着对信念和/或表征的强调。然而，第 4 章中我们自己的理论的复杂性表明：单单指出人工物选择"明显涉及表征"（Bigelow and Pargetter，1987：194），还远不能提供一个完善的技术功能理论。

③ 我们仅是把麦克劳克林的人工物功能理论视为一个整体。他对人工物组成部分的描述过于强调主体的意向，但引入了结构要素作为 3.3 节中定义的因果作用功能理论的一部分。

④ McLaughlin（2001：52；首次强调）。

⑤ 麦克劳克林在索拉布吉（Sorabji，1964）之后构想出了"索拉布吉法则"来表达主体意向的必要性："赋予功能必须包含意志和智力的某种行动，或是一种赞成态度和信念……一些评价性的要素，无论多么微小，似乎总是参与将人造物功能赋予某物的过程。"（McLaughlin，2001：45）。

的"。主体仅靠"'欢迎'两个次大陆板块相撞并在必要的情况下愿意再推它们一下，是不能把阿尔卑斯山变成人工滑雪坡的"。喜欢让圆木横倒在小溪上，如果这种偏好不对圆木产生任何效果，就不足以将桥的功能归属给它。[①] 现实可能性的这种约束可以看作给麦克劳克林的理论添加了结构上的扭结。然而，该理论只是把这种约束施加于功能授予的过程，这或许仍然是虚拟设计或虚拟干预中的一种。不像 3.3 节介绍的因果-作用理论，麦克劳克林的理论不要求对人工物能实现此功能的主张提供支持。就这个原因而言，该理论容易受到我们的典型批评的伤害：一个主体仅凭意志行为仍然能将地下交通运输的功能归属给一辆普通的轿车，清洁剂仍然需要有支付设计者下个月房租这个不想要的功能。

这三个例子说明了生物学领域中各个功能理论在应用于技术领域时，它们之间明显的区别是如何消失的。在尼恩德尔的原因理论中，个体的生物功能指的是该个体的原型促成它们自然选择的性能；比格罗和帕盖特把他们的理论和尼恩德尔等人的原因理论进行了对比，让一个个体的生物功能表示它的倾向，以受自然选择的青睐；麦克劳克林[②]拒绝了这两个理论中自然选择的作用，使功能表达生物个体的那些促成其自我繁殖的性能。但在他们处理技术功能时，这些对手有意进行了合作。这三个理论在功能是否对应于目标或性能这个问题上也涵盖了不同的立场。尤其是比格罗和帕盖特选择的构想表明，接近 I 理论的功能理论，仍然可以是一个将功能视为属性的理论。[③]

塞尔

我们的最后一个例子，塞尔[④]的功能理论，说明了人们在回顾现有功能理论应用于人工物时可能遇到的困难。塞尔的理论涵盖了生物学的、技术的和社会的功能归属，不把功能看成内在于功能性物品，而是看成与主体加在相关物品上的价值相关的特征归属。对于人工物，这些价值源于主体的实践兴趣，对于生物个体来说它们源于理论。塞尔没有给出一个明确的定义，但如他所说给出了陈述"X 的功能是 Y 的"的两个"核心条件"[⑤]：

（1）每当 X 的功能面向 Y 时，X 和 Y 是一个系统的组成部分，该系统有

---

① McLaughlin（2001：45-46）.

② McLaughlin（2001：ch.8）.

③ 比格罗和帕盖特用一句话充分体现了他们的一般功能理论："因此当一个特征或结构由于具有相关效果而具有选择的倾向时，就具有某种功能。"（Bigelow and Pargetter, 1987：194；特意的强调）.

④ Searle（1995：13-23，38-51，122-124）.

⑤ Searle（1995：19），首次强调.

一部分通常是由目的、目标和价值定义的。……

（2）每当 X 的功能面向 Y 时，X 应该引起或导致 Y。功能中的这个范式成分不能仅仅归结为起因，即由于 X 而实际发生的事情，这是因为即使在 X 从来没有或在多数情况下没能产生 Y，X 也可能具有影响 Y 的动态功能。因此，安全阀的功能是阻止爆炸，但实际上也有可能因为安全阀可能因为粗制滥造以至于没能阻止爆炸，即它们的功能偶发性失常了。

第一个条件中介绍的系统应该视为广义上的系统。它包含 X，但它不只是某个复合材料系统，因为它也包含 X 的功能 Y，它有一部分是在目的论层面上定义的；比如当 X 是一把椅子，指涉的系统是一个目的在于支撑坐着的人的系统，它包含椅子以及支撑人臀部和背部的功能。

此外，塞尔把人工物的功能视为"因果主体功能"加以分类，意思是相对于有意识主体的实际兴趣对它们进行归属，并且人工物仅通过物体的内在物理特征来实现其功能。[①] 这第二个分句应该如何与塞尔给出的两个条件相结合，就不清楚了。可以将它视为附加条件，那么就可有这样的形式：

（1）每当一个人工物 X 的功能面向 Y 时，凭借 X 的物理化学结构，X 就能引起或导致 Y。

然而这种理解塞尔的人工物的功能理论的方法似乎不妥：这第三个条件会抹去功能归属的范式方面，而塞尔是把这一点包含在了他第二个条件中的。比如可以考虑前面所引用的粗制滥造的安全阀例子。当这样一个安全阀满足了第三个条件，它凭借其物理化学结构就能阻止爆炸。这意味着它总能阻止爆炸，因此就排除了功能临时的或永久的失常的可能性。将那个分句和两个条件结合的一个替代方法是将其并入第二个条件。可以有这样的形式：

（2）每当一个人工物 X 的功能面向 Y 时，凭借 X 的物理化学结构，X 应该引起或导致 Y。

还应指出，这个阐述是否能充分体现塞尔所的想法是值得怀疑的。原因在于这第二个替代条件很大程度上削弱了功能 Y 的展现和 X 的物理化学结构之间的联系。在这个层面，仅仅假设一个人工物有适当的物理化学结构来实现这个功能，就足以将一个功能归属于它。如果这样一个假设不需要合理解释或使其看起来有道理，它就难以表明 X 仅凭借其物理构造就能实现 Y。

进一步的分析和阐释或许会解决将塞尔的核心条件与他对因果主体功能的

---

① Searle（1995：38-43，123-124）。在塞尔的分类中，人工物的功能也可以是"状态功能"，即相对于主体的实际兴趣进行归属的功能，人工物只能通过那些主体公认的方式来实现功能。这些社会功能不在本书讨论范围内。

定义相结合的问题。我们这里的观点是需要这种分析；初次解读塞尔关于人工物的功能归属的文本，为至少用两种不同的、同样不恰当的方法理解他的理论留下了余地。[1] 第一层理解是该理论作为因果-作用功能理论的一个例子（见下节），没有满足说明功能有时失效的用处的需要。第二层理解是它作为一个意向功能理论——基于假设和主体的目标来归属功能——不满足说明得到支持的用处的需要。

3.3　卡明斯的因果-作用功能理论

第二个基本的功能理论我们马上可以从下面的文献中看到：这就是罗伯特·卡明斯（Cummins，1975）著名的功能理论。这里我们称它为因果-作用功能理论，或简称 C 理论。它充分体现了另一个关于功能的强烈直觉，即物品的功能是和这些物品在复合系统中所具有的因果作用相关的。

根据卡明斯的观点，功能归属产生于对系统性能的解释的情境之中。[2] 他区分了这些解释的两种策略。第一种是归类策略，它包含了在一项或多项普遍规律下将一个系统 s 的一种性能 Φ 进行归类。卡明斯用阿基米德原理中（某些）物体在水中自动上浮的能力，来举例说明归类策略。第二种策略是具有分析性的。这个层面上，系统 s 的性能 Φ 被该系统或其组成部分分解成一些其他性能 φ_1，φ_2，φ_3，…卡明斯举例说明了这个策略：工人和机器是流水线的组成部分，凭借他们所具有的完成某些任务的能力来解释流水线生产某些产品的性能。这两种策略是可以结合的：首先可以分析性地解释一个系统的性能，结尾再采用归类策略。

系统 x 的性能 φ 可以称为 x 的功能，并且对等同于或包含 x 的系统 s 的一种性能 Φ 的解释与其相关。条件是该性能 φ 是对 Φ 分析解释的一部分。更精确地说，卡明斯对功能归属的定义如下：[3]

系统 s 中 x 起着 φ 的作用（或者：系统 s 中 x 的功能是 φ），与对 s 的性能 Φ 的分析性说明 A 相关，条件 s 中的 x 体现具有能力 φ 并且 A 恰当充分地说明 s 的性能 Φ，这里有一部分通过求助于 s 中 x 的性能 φ。

分析性说明 A 包括一些规则或理论，它们从 x 的性能 φ 方面展开对 Φ 的

---

[1]　关于如何理解塞尔的人工物的功能理论，见 Kroes（2003）中的（批判性）分析。

[2]　Cummins（1975：757-763）。卡明斯最初谈到了对系统特性的解释。但在发展自己的理论时，他改变了术语，称这些特性为能力。

[3]　Cummins（1975：762）。我们将符号调换成本书中的符号。

分析性解释。卡明斯用心脏"跳动"的功能归属的例子来说明他的定义。在分析循环系统运输养料、氧气等性能的背景下来考虑心脏，这个归属就满足了该定义，这是因为作为循环系统（s）的一部分，一颗正常的心脏（x）是有跳动性能的，这种性能通过向循环系统运输养分、氧气等性能的生物学说明（A）在解释中产生。在这个例子中，x 和 s 是实物，φ 和 Φ 各自的功能可以视为那些物体的物理特性。但卡明斯更为广泛地应用了他的理论。他给出的另一个例子是属于流水线的工人和机器的功能。实体 x 就不只是一个物质实体，它可以是一个有意向的行动主体。同样的，系统 s 不仅包含实物，也有工人以及涉及物体和工人的所有步骤。性能 φ 可以指称工人完成某项行动的能力。而性能 Φ 现在指的是流水线生产某种产品的性能。这些性能不能单纯视为物理特性。

在更普遍的意义上，卡明斯的定义可用下面的方法来解释。具有包含性的系统 s 广义上是一个系统：它可以只包括实体，也可包括有意向的主体和步骤。性能 Φ 是将要解释的 s 的性能，A 是分析性描述，基于它对 Φ 进行分析性解释，而 φ 是 x 的性能，它产生于对 Φ 的解释。"性能"这个概念可广泛地进行解释。性能可以是一个物理特性，比如心脏输送血液的性能，也可以是更具有意向性的性能，比如流水线上的工人检查镀锡铁皮以防机械损伤的能力。然而，我们假设如果 x 是人工物，那么 φ 是一个理化性能。

卡明斯的功能理论经常被称为因果—作用理论，因为根据他的定义，系统的功能是指这些系统在较大系统中所具有的因果作用；如果一种性能是 x 的一种功能，那么按照卡明斯的定义，意味着 x 通过该性能促成较大系统 s 的性能。

在 C 理论中，人工物的功能很明确是指人工物的性能而不是目标。通过参照"充分恰当的"说明 A，可以认为 C 理论主要论述正当的功能归属的条件。但在大多数讨论中就没有参照 A，卡明斯的功能分析被展现为功能作为属性的理论而不是功能归属的理论。[①] 该理论用这种方法表明功能对应于实际的性能，这些性能因此促成具有包含性的系统性能。对卡明斯功能分析的重新解读暗示了正确的说明 A 应当成为功能归属的基础。

因果-作用理论的一个优点是它有一个固有的保障，功能性物品能够对应其功能行使性能。如果将 φ 这个 C 功能归属给一个人工物，那么卡明斯的定义需要该人工物"有能力实现 φ"。该理论的另一个优点就是它的范围广。传统的和极富创新性的组成部分都可以具有 C 功能。它也考虑到了物品的多种功能归

---

① 这种重新解读卡明斯理论的例子能在 Ariew 和 Perlman（2002：1）中找到："'心脏的功能是输送血液'的论述表明该器官在脊椎动物的循环系统中所起的因果作用……人类心脏由于其影响作用于所有类型的'系统'……"这里没有参照分析性说明。

属。例如，一个金属管能如实地被归属 C 功能，作为合成化合物的装置的一部分来输送液体，也可以将 C 功能归属于增强该装置作为建筑中的一部分所体现的结构的完整性。最后，使用者甚至是设计者都没察觉到部件的因果作用，可以视为回顾的 C 功能。例如，如果发现一个电力系统引发了化学装置的爆炸，比如是因为短路和过热，那么"引爆"可归属为系统的 C 功能。就我们评论中的所使用的技术人工物三种用处而言，因果-作用理论满足了说明得到支持的和创新的用处的需要。

因果-作用功能理论中一个众所周知的问题是它不能解释功能偶发性失常。如上所述，物品功能归属的定义需要这些物品有对应于功能的性能。比如考虑一个坏掉的电视机。没有意义去宣称这台电视是 C 功能偶发性失常了：如果它没有性能播放节目，首先就不能把播放节目的 C 功能归属它。因此，C 理论没有满足说明功能偶发性失常的用处的需要。此外，正如意向功能理论那样，它遭受着扩散问题的困扰。人工物在许多具有包含性的系统中起着因果作用；所有那些作用对应于功能，这些功能产生许多违反常理的功能归属。比如太阳下的万物都会投射自己的影子，但直觉上讲，只有一些事物有这个功能。任何建筑物都是一个系统的一部分，组成系统的物品包含偶数（或者是奇数）多个螺丝钉，共同成为那个复合系统的重量的一部分，尽管将这种集成称为功能有些奇怪。

现有的其他一些因果-作用功能理论

人工物的功能和它们的因果-作用相关这样的观念在文献中会经常找到。我们讨论过的塞尔（Searle，1995）的功能理论，可以认为包含了这种想法。对于塞尔来说，一个物品的功能相关于该物品所引起或导致的事情（条件 2，正如第 49～50 页所引用的），这是因为在一个较大系统中，该物品是系统的一部分（条件 1）。尤其是如果阐释塞尔的要求，即人工物仅通过它们内在的物理特征来实现其功能（利用条件 3），塞尔的功能理论可视为 C 理论的一个例子。那样的话，人工物就有对应于它们功能的性能作为实际的理化性能。此外，人工物是较大系统的一部分，按照塞尔的理论，这些系统有一部分在目的论上被"普遍的目的、目标和价值"定义，这是主体加在它们上面的。

如果有人现在假设人工物通过对应于它们功能的性能获得了，或应该获得获得这些目的、目标或价值，[①] 那么将要解释的性能 Φ 将是较大系统去实现主

---

① 塞尔没有明确表达该假设，即功能性物品通过其功能有助于实现包含性的系统的目的、目标和价值。

体加在它上面的目的、目标或价值的性能。对于这个阐释，塞尔实际上回避了荒谬的功能归属的扩散问题：只有那些造就了主体加于较大系统上的目的、目标或价值的人工物的因果作用才成为功能，这似乎是正确的。但仍未满足说明功能偶发性失常的用处的需要。

目前有一些其他的功能理论融入了因果-作用功能理论或它的大量要素。尼恩德尔的理论（Neander，1991a，1991b）是一个纯粹的 I 理论，它们不是纯粹的 C 理论；相反，它们将 C 理论与其余两个基本的功能理论相结合，比如基契尔（Kitcher，1993），普雷斯顿（Preston，1998b）和戴维斯（Davies，2000，2001）的功能理论。我们将这些结合的方法放到 3.5 节讨论。

3.4 进化的功能理论

最后一个基本理论是进化的功能理论，可缩写为 E 理论。这个理论部分类似于米利肯（Millikan，1984，1993）和尼恩德尔（Neander，1991a，1991b）提出的原因理论。但我们选择称它为"进化的"而不是"原因的"，这是为了表明它只是有一部分而非全部和原因理论相像。在 3.2 节中我们说明了尼恩德尔的理论在技术领域中是一个意向功能理论；在 3.5 节中我们将展示米利肯的理论也包含了意向要素。可以领会尼恩德尔理论中意向要素的存在（和它显现在对技术领域中功能理论的评论中这样的事实），这是通过注意她的一般性定义——"一个特征的适当功能是去做任何被选择的事"——存在歧义得知的。关键术语"选择"可以视为指一个长期过程，被选择的物品经过无数轮的筛选在与对手竞争中存活下来。这个术语可以指单个过程，一次性地挑选出被选择的物品。对于生物学领域，尼恩德尔求助自然选择的进化论概念，选择了长期的意义；对于技术领域，她通过将选择视为主体的意向选择，选择了单个的意义。然而，也有可能坚持长期的意义并基于人工物更广泛的选择历史来定义人工物的功能。技工重复人工物就是这样长期选择的例子。此外，一些学者已经提出了对技术的进化的解释，它将人工物的发展描述成长期的选择过程，如Basalla（1988）、Mokyr（1996，2000）和 Aunger（2002）。这些观点还没有形成像新达尔文进化论那样被广泛接受的理论。[①] 但它们确实表明有可能为技术

---

① 这种共识上的缺乏明显见于 Ziman（2000），该卷文献汇总了技术领域进化理论的研究，包括 Mokyr（2000）、Constant（2000）和 Fleck（2000），还包含了诸多不同的方案（Vermaas，2002）。另见路文斯 Lewens（2004：ch.7）对人工物可能的进化理论的讨论，还参见 Brey（2008）对不同观念的分析，其中 Basalla（1988）、Mokyr（1996，2000）和 Aunger（2002）提出的方案可被视为进化的。

定义出一个进化论框架，并基于长期选择来定义人工物的功能。米利肯（Mil-likan，1984，1993）在她的原因理论中，明确区分了长期过程和单个过程，为生物个体和人工物定义了两种类型的功能。第一种类型叫做"直接的适当功能"，这是相对于物品的"重复组建的家族"来定义的，这里"重复产生"是一个长期过程（我们在本节的后半部分再考虑这些功能）。第二种类型叫做"衍生的适当功能"，它是为单独生产的物品定义的，这里"生产"是单个的过程（我们在 3.5 节考虑）。我们进化的功能理论从原因理论中的长期选择/重复这部分提取出来，没有打算包含"单个要素"。①

在这个背景下，进化的功能理论应用于任何一个有着长期重复产生的历史的人工物 x，即任何 x 可视为先前已有的人工物的后继者存在于序列 p，p'，p"，…中。性能 φ 作为人工物 x 的一个进化的功能，当且仅当该性能造就了其前有的和当前的人工物 x 的重复产生。

我们有意使这个定义有些模糊。正如前文所说的那样，还没有一个成熟的进化的观点来解释人工物的发展。因此，还没有一个标准的方法去补充细节。正如在简单描述人工物 x 长期重复产生的历史中，它和它所有的前有 p，p'，p"，…实际上具有性能 φ，所有物品形成的精确复制的序列：x 是它前有 p 的复制；这个前有 p 又是它前有 p'的复制，p'又是 p"的复制等。更为有趣的描述是在复制过程中有出错的余地，而无论 x 本身是否有性能 φ 还有待商讨；在这种情况下如果 x 没有性能 φ，功能就会偶发性失常。这两个描述中，重复产生的历史可由下面的方案体现：

$$\cdots\to p'' \to p' \to p \to x$$

适合该方案的一个例子可以是比格罗和帕盖特的锤子（见第 47 页的脚注 4），这是技工几个世纪以来都在复制的。

更多关于重复产生的历史的复杂描述是可以想象的。只有少数一些人工物复制自己；实质上所有的人工物是由诸如设计者、工程师或技工这样的主体进行复制的。这些主体通常为性能 φ 决定复制人工物。这引入了人工物的以及主体性能的表征 R_p，$R_{p'}$，$R_{p''}$…，也引入了前有人工物 p，p'，…没有性能 φ 的可能性；主体只能是确信前有人工物有这个性能。这种重复产生的历史的方案如下：

$$\cdots\Rightarrow p'' \mapsto R_{p''} \Rightarrow p' \mapsto R_{p'} \Rightarrow p \mapsto R_p \Rightarrow x$$

（我们使用不同类型的箭头来表明除了第一个模型的复制过程，还涉及其他过

---

① Vermaas and Houkes（2003）详述了原因功能的长期概念和单个概念之间的区别。

程）。技工重复产生简单的人工物，比如锤子，可以适合这个方案，正如目前螺丝刀的生产。最后一个例子中可将某公司生产的一系列螺丝刀解释成另一公司的前有的系列螺丝刀的变型或盗版等。这些螺丝刀因此就有了拧紧螺丝钉的E功能，因为先前的螺丝刀有这个拧紧螺丝钉的性能，这种性能促成了它们的生产。

对于技术上更为复杂的人工物，可以期望参与创造人工物的主体把设计不仅仅基于对前有人工物的分析，还基于这些前有的设计。在强调设计描述作用的方案中，人工物的表征主要来源于人工物的前有表征：[①]

$$ p'' \quad\quad p' \quad\quad p \quad\quad x $$
$$ \Uparrow \quad\quad \Uparrow \quad\quad \Uparrow \quad\quad \Uparrow $$
$$ \cdots \rightsquigarrow R_{p''} \rightsquigarrow R_{p'} \rightsquigarrow R_p \rightsquigarrow R_x $$

可以举一个开发汽车的例子，新模型是基于先前的模型来开发的。

这个最后的方案似乎引出了物品的基因型和表现型之间生物学区分的技术类比，因此似乎给我们呈现了熟悉的进化背景。然而，可以公平地说，如果存在人工物的进化理论，它将比所呈现的这些方案更为复杂。一些作者选出了人工物的遗传密码，如通过运用道金斯（Dawkins，1976）提出的"模因"概念，但将什么视为人工物的基因还没有达成一致。[②] 此外，人工物的进化理论似乎需要考虑人工物及其表征之间的一些反馈机制，因此整合了第二个和第三个方案。[③]

在生物学领域，E理论似乎是去分析如何"具有一项功能"，而没有给出功能归属的明确条件。然而在生物学中，E功能的归属是基于一个具体的、据说是真实的理论，即新达尔文进化理论——参照它时是有理由加括号的。在技术领域如果不加这个括号，似乎还不存在一个理论被广泛认可到作为引用的程度——进化的功能理论可视为通过与生物或技术物品的进化的相关说明来归属功能。

E理论的一个优点在于它支持这样的信念：一个物品有着适当的物理化学

---

① 严格说来，满足该方案或前一方案的历史不必是人工物 x 和它的前有在结构上彼此相像的历史。为了把这些方案限定在重复产生的历史中，应该引入额外的约束条件。一种可能性是要求前有的不同搭配 p-p'，p'-p″等与对方相像（为了顾及这一历史的有缺陷的最终结果，x-p 这个搭配可以不受该约束的限制）。

② 安杰（Aunger，2002）选择"模因"作为基因的技术模拟，莫基尔（Mokyr，1996，2000）将有用的知识视为这种基因，康斯坦（Constant，2000）选择了制造工艺、设计、技术知识和科学知识，而弗莱克（Fleck，2000）选定了"人工物一活动配对"。

③ 例如，路文斯（Lewens，2004：ch.7）认为对人工物基因型的识别可因情境而有所不同。

结构来实现其 E 功能，同时为不能实现该功能留有余地。例如，可以考虑这样一个方案：前有 p，p′，p″，…有着对应于归属于人工物 x 的功能的性能，而 x 是否也有该性能还未可知。对"复制"概念似乎合理的约束是每对相邻的前有一后继（即 x-p，p-p′，p′-p″等）应该互相具有物理相似性。这个约束，和 p 确实有性能 φ 这个事实一起，初步使得重复产生的物品 x 可能也具有那种性能。然而，这种支持并不是那么严格，以至于会排除 E 的功能偶发性失常。一个物品可以是它的前有物品的有缺陷的复制，只要它有一些相似之处。这种"害群之马"或不完美的最新样本仍然被归属 E 功能，即使它们不能实现这些功能。这一优点不是由定义嵌入到 E 理论中的；可以想象 E 理论的方案中得到支持的用处和功能偶发性失常的用处之间丧失了平衡。比如过分强调人工物（所声称的）性能表征的重复产生，根据之前的样本稍作变化所建构的永动机则具有产生免费能量的 E 功能。但可以总结出，进化的理论至少原则上能满足说明得到支持的和功能偶发性失常的用处的需要。

　　E 理论的缺点在于它为每个物品预设了重复产生的历史，每个物品均有 E 功能归属。这种假设明显没被满足。首先可以注意到即使提出了技术的进化理论，该计划仍然处在凭借重复产生的历史来探索描述人工物发展的可能性和能否成立的初始阶段。只有未来才能证明这个计划是否成功。其次要注意到存在一些技术创新的形式，它们原则上是不能从重复产生的历史来描述的。例如，如果设计出的人工物和在它之前存在的人工物不相似，那么这个人工物就不能视为它存在前有。因此它缺少 E 功能。第一架飞机和第一座核电站就可以是例证。支持进化的主张的人认为创新实际上是一个过程，他们以更为循序渐进的方式展开现有的历史分析，揭示了力求对公众来说新颖的人工物实际上是从现有人工物出发经过一系列中间步骤逐步形成的。[①] 但这个论据偏离了主题，或者是在一定意义上反对创新的可能性：和现有人工物并不相似的人工物仍然不适合复制的历史。人们也可以通过在重复产生的历史中允许人工物的前有者可以是该人工物设计者的思想，来试图迁就这个例子。这个方案可以避免创新情况下的进化主张，因为可以试图表明工程师的设计素描提供了创新和现有人工物之间的"缺失的环节"。[②] 但它明显大幅度延伸甚至过度延伸了复制的概念，这成为了人工物长期重复产生的基础。对于这个方案，不需要有创新的人工物 x 的物理前有 p，p′，…，而只需要有那些不存在的前有的表征 R_p，$R_{p'}$，…，

---

① 例如 Basalla（1988：ch. 2）。
② 例如，卡尔森（Carlson，2000）为爱迪生的设计草图给出了进化的主张。

因此，归属于创新型人工物 x 的功能是基于（一系列）"复制"的工程思想进行归属的，表明这些功能可视为 I 功能而不是 E 功能。这不仅引出了理论的重新分类，还有对其潜在问题的重新评估。作为 I 理论，只关注那些表征，目前的方案或许有着缺乏功能归属的支持这种缺点。

第二个缺点在于进化论的功能理论可以导致违背常理的后果。再一次考虑一下创新，现在它的形式是将新颖的功能归属给现有人工物或与其类似的人工物。这个新颖的功能在定义上不同于现有人工物所具有的功能。比如阿司匹林，这种药的现有功能是减轻疼痛。在某些时候，阿司匹林被归属了阻止心血管病患者血液凝块这个新颖的功能。第一座核电站是一个经过改造的潜水艇发动机，被归属了发电这个新颖的功能。这种人工物有着重复产生的历史，但归属于它们的 E 功能却是现有的，而不是新颖的。因此第一座核电站仍然只有提供推进力的 E 功能；所有阿司匹林药片，即使心血管病患者每天都服用，却只有减轻疼痛的 E 功能。因此进化的功能理论不能以直觉上满意的方式来满足说明创新的用处的需要：它把功能归属给创新的物品，却付出了为创新辩解的代价。

最后一个问题是认识论层面的：E 理论为使用者的功能归属给出了狭隘的阐释。使用者仅仅通过确定前有人工物造就了重复产生的性能，就能够确定一个物品的 E 功能。对于一些人工物和使用者，确实是这个情况。但使用者也能通过检验人工物本身，或得知人工物设计者的意向，来决定人工物的功能。

人工物能经常被描述为前有的人工物的复制，这是文献中反复出现的主题。这种现象引发一些作者要提出一个进化的功能理论。米利肯直接的适当功能的理论是我们现在看到的一个明显例子。在 3.5 节中我们将表明一些作者，如格里菲思（Griffiths，1993）、普雷斯顿（Preston，1998b）和戴维斯（Davies，2000，2001）已把 E 理论和其他基本的功能理论进行了组合。

在讨论米利肯（Millikan，1984，1993）的原因理论前，需要注意的是她的理论较为广泛，也应用于生物学和语言学。我们只关注人工物，会导致对米利肯的著作的不全面评估。此外，米利肯给一些功能概念下了定义，包括"直接的适当功能"和"衍生的适当功能"。尤其是米利肯（Millikan，1999）将这些作为"适当功能"主导理论的要素。对此我们不给出总体评估。在本节中，我们只考虑直接的适当功能的"子理论"。在 3.5 节中，我们转向衍生的适当功能。最后，米利肯把她的功能概念展开作为条件，却没有体现功能话语的通常意义。[①] 因此，我们不能通过我们的技术人工物的用处来恰当地评价她的理

---

① 例如，见 Millikan（1984：18），尤其是 Millikan（1989）。

论。但直接的适当功能是 E 功能的明显例子，因此判断它们是否适合我们的目的（除了它们的设计者的意向）是值得的。

米利肯①把直接的适当功能归属于作为"复制组建的家族"的成员的物品，即有"重复产生"关系的一组成员。重复产生被定义为物品或其属性之间直接的因果关系，这导致了一个支持"不符合现存事实但在其他条件下可能发生"的相似事例。为解释有缺陷的物品，米利肯允许最后一个成员，仅仅和家族早期成员大致相似。如果是以下情况，①对于这样家族的早期成员——它们扮演了前有的角色 p，p′等——重复产生的相似性（"特征"）和成员的某种性能 φ 是正相关的，②当前成员 x 的存在可以基于这种正相关进行解释，那么该性能叫做当前成员 x 的"直接的适当功能"。"不是原始设计"的人工物，如家用螺丝刀"相同的设计一次又一次被复制"，② 就是形成了这种由重复产生组建的家族的物品的例子。然而按照米利肯的意思，流水线大规模生产的产品不是直接重复产生。为了把直接的适当功能归属给那些物品，米利肯介绍了一阶家族和由重复产生组建的高阶家族之间的区别，前者的成员有着支持"不符合现存事实但在其他条件下可能发生"的相似事例。正如一阶家族的成员那样，那些高阶家族成员的属性上应该有一些共同点，但这种相似性不需要支持相反事实。一阶的和高阶的水平由以下途径连接：如果一组实体是一个低阶家族中一组成员的产品，该家族的直接适当功能是产生这种实体，那么它们就被称为高阶家族。因此，如果一些生产屋瓦的流水线形成了一阶家族，那么它们生产的屋瓦形成了高阶家族。复制再生组建的高阶家族的定义涉及的方面比这里所说的更广，因为米利肯也允许了生产高阶家族成员的可能性，这是通过单一实体生产类似物品的直接适当功能。因此，如果只有一条流水线，所生产的瓦片仍然构成高阶家族。那些高阶家族物品的直接适当功能的归属是类似的：如果①对于这个家族的早期成员来说，复制产生的相似点和成员的某种性能 φ 存在正相关，②当前成员 x 的存在可以基于这种正相关进行解释，那么该性能就叫做当前成员 x 的"直接的适当功能"。

这个直接适当功能的理论预设了人工物是重复组建的家族的要素。正如前面所争论的，这排除了将适当功能或直觉上正确的适当功能归属给创新的人工物，如第一架飞机或第一座核电站。因此，如果这个理论意在体现功能归属的普通意义，它就不会满足说明创新的用处的需要。这个结论不应该用于米利肯

---

① Millikan (1984：ch. 1)。

② Millikan (1984：21，23)。

的理论本身，正如所说的那样，因为它也包含了衍生的适当功能的概念。

3.5 基本理论的结合

目前现存的一些功能理论并不像一个统一的基本功能理论。一些方案结合了基本理论中的要素，和其中的一个以上相似。因此，我们一般通过考虑那些可以解释为 I 理论、C 理论和 E 理论三者结合的功能理论，来继续进行总体评价。

人们或许会怀疑这种结合而成的理论可能在纯粹的理论不起作用的地方取得成功。在本章中，这三个基本的功能理论都没有满足说明我们所考虑的三种技术人工物用处中的至少一种。然而基本的理论似乎解决了互相的问题。C 理论和 E 理论以不同的方式为 I 理论提供了支持。C 理论和 I 理论扩大了 E 理论对重复产生的历史的狭隘关注。不同于 C 功能，I 功能和 E 功能可以被归属于功能偶发性失常的物品，E 理论则不足以说明困扰 I 理论的功能偶发性失常的物品。C 功能和 I 功能最终能被归属于创新的物品，而这却不适合 E 功能。因此，这三个基本理论可以被视为相互补充；把这三个理论中的两者或三者相结合的功能理论或许可能全部满足说明三种用处。但是在本节中，我们认为这些基本理论的直接结合却不能兑现这个承诺。

如果考虑把 I 理论、C 理论和 E 理论相结合的可能性，首先一个问题就是能否结合它们。如果这些理论中有一个理论能视为其余理论（及其结合）的例子，这些结合就不会产生结果。这不仅仅是一个假设情形。如果我们的 I 理论建构得尽量灵活，每种功能描述会成为 I 功能的归属：毕竟功能描述需要主体和他们的表达。为了避免膨胀，我们将 I 理论视为其人工物的功能描述仅仅关联到人工物设计者和使用者的意向和行动。外部观察者的功能描述狭义上讲不必是 I 功能的归属。这样就有可能表明这三个基本的功能理论是相互独立的：人们可能通过每种可能的组合（见下页的"基本功能理论的独立性"）给出仅满足其中一个、两个或所有理论的功能归属。

第二个较为相关的初步问题是：功能理论怎样才能结合？有两种直接的策略，即析取与合取。两个或多个功能理论的析取结合接受一个或多个结合理论都允许的所有功能归属。合取策略则只接受两个结合理论共同允许的功能归属。

我们表明现今技术领域的一些功能理论和我们三个基本的功能理论的析取与合取相似。这些功能理论仍然不满足说明技术人工物三种用处的需要。一般可认为，析取与合取策略不是都可以作为解决三个基本理论中所提出的难题的方法。

析取策略的一般优点是在其组成成分范围内这种结合不需要受到限制。因此，由 E 理论和其他基本理论之一析取而成的理论可将功能归属给创新的人工物，而 E 理论本身则不能。但是不在析取结合而成的理论范围之内的物品仍然没被归属功能。因此，一个"CE 析取理论"仍然不能处理功能偶发性失常的创新的人工物。其他缺点包括功能归属的扩散和概念没有统一。析取理论引入了域内多元论，这应该同域间的多元论相区分。① 根据域内多元论理论，人工物有两种或可能三种功能。

基本功能理论的独立性

假设一辆新颖的地下交通工具没有重复产生的历史，实际上也不运行。尽管如此，如果因为设计它是为了地下交通运输的性能而仍然要把该功能归属给它，那么这个功能就是 I 功能，而不是 C 或 E 功能。阿司匹林阻止血液凝块这个最初的发现算作 I 功能和 C 功能的归属，但不是 E 功能的归属。同样的，用每种可能的组合可以想出满足一种、两种或所有基本的功能理论的功能归属：

I，¬C，¬E：这辆新颖的交通工具将地下交通运输作为功能。

C，¬I，¬E：这个短路的电力系统有着引爆的功能。

E，¬I，¬C：这些木屐纪念品是用来走路的。

I，C，¬E：阿司匹林有阻止血液凝块的功能。

I，E，¬C：这种水有着使尼龙绳缩水的功能。

C，E，¬I：大马士革钢剑中的钒有生产典型的刀刃图案的功能。

I，E，C：斧子有着砍柴的功能。

三条注解：

首先，我们假设木屐纪念品没有木屐原始的功能。

其次，如果老式的大麻纤维绳上沾上了水，绳子就会缩一点。经

---

① 有人可以认为尼恩德尔（Neander, 1991a, 1991b）的功能理论是域间多元论。她的功能理论应用于生物学和技术领域，但给这些领域中的物品归属了不同类型的功能：E 功能归属给了生物个体；I 功能归属给了人工物。但尼恩德尔的理论没有导出域内多元论；该理论只把一种功能归属给每个领域的物品。普雷斯顿（Preston, 1998b）的理论（见本节）不是域间多元论理论，因为她为生物学和技术提出了相同的 CE 析取理论；在两个领域中它是域内多元论，因为普雷斯顿允许把 C 功能和 E 功能归属给生物个体和人工物。最后，玛纳和邦格（Mahner and Bunge, 2001）似乎提出域间多元论和域内多元论的组合，不仅在生物学领域，还在心理学、社会科学和技术领域，对功能的五种不同概念以不同的方式进行组合。

常使用这种把戏的主体或许将"使绳子缩水"作为一项 E 功能归属给水，在将这种把戏用于尼龙绳上时也如此。

最后，大马士革剑是在大马士革当地是由印度产的"乌兹钢"制造的。大马士革的刀匠用这种钢生产刀刃，上面带有明显"大马士革风格"的表层图案。在 18 世纪这种技能就成为失传的艺术了。最近的研究（Verhoeven et al. ，1998）表明微量元素钒（当然连同刀匠的技能）有助于这些表层图案的形成。该发现引出了这样的假设：生产大马士革剑的工艺失传是因为以前使用的钢材不再包含这种适量的元素（比方说因为印度的这种老矿体资源枯竭，新矿体不含钒杂质）。基于刀匠本身不知道多年来钒有助于他们的剑上大马士革式花纹的形成这样的假设，将有助于形成花纹这种功能归属给钒，是 C 功能和 E 功能的归属，而不是 I 功能的归属。

合取策略的优势是该组合继承了其组成成分的所有优势。例如，一个 IE 合取理论在主体的意向、行动和它归属给物品的 IE 功能之间产生了直觉上的关系，也支持这样的信念，即物品有着适当的物理化学结构来实现这些功能。这种缺点在于每当各个理论失效时，该组合会失效。例如，一个 IE 合取理论仍然不把（适当的）功能归属给创新的人工物。

这里讨论的结果是：不仅 I 理论、C 理论和 E 理论没有满足说明功能偶发性失常的、得到支持的和创新的用处的需要，所有的那些功能理论，如果是这三个基本理论的析取与合取所贯穿的"空间"的要素，它们就没有满足说明这些用处的需要。因此，如果 I 理论、C 理论和 E 理论可以组成一个适当的理论这样的愿望得以实现，就需要一个更为复杂的方法去结合这些基本功能理论。第 4 章将表明我们对人工物的基于行动理论的使用-计划分析为人工物的功能描述提供了背景，这需要考虑相当复杂而又适当的组合。在了解我们的方案之前，我们通过列举目前一些与 I 理论、C 理论和 E 理论之间的析取及合取类似的功能理论的例子来结束我们的评论。①

3.5.1 菲利普·基契尔：一个 IC 析取理论

基契尔（Kitcher，1993）提出一个应用于生物学和技术的功能理论，在后者的领域考虑它时，该功能理论类似于意向功能理论和因果-作用功能理论

---

① 目前我们还不能找到已有的方案能够将这三种基本的功能理论相结合，允许我们便捷地在 ICE 功能理论的标题下展示我们的理论。

（例子）的析取。对于基契尔，"功能使用的核心共同特点……是功能 S 达到了其设计的目的"[①]。他不得不留下相当一部分空间将这个共同特点应用于生物学。对于人工物，这种应用比较直接并引出了一个类似的 I 功能理论："想象你正在制造一台机器。你的打算是机器应该做些事情，这就是机器的功能。"[②]然而基契尔不是简单地提出意向功能理论，因为他也认识到人工物的组成部分可能有一些不明显和那些人工物设计者的意向相关的功能。因此，他继续描述你所想象正在制造的机器：[③]

该机器有一个功能基于我们的明确意向，该功能的实现对机器的部件提出了各种需求。你识别出这些需求，明确设计了能满足它们的部件。但在其他的情况下……你却没有意识到不得不满足一种特殊类型的需求。尽管如此，任何满足这种需求的就有这样的功能。这里的功能是基于为整台机器的性能的影响，也基于该性能与设计者明确意向之间的联系。

将功能归属给组成部分的第二种方法能拆解成一个因果-作用功能理论：它依据卡明斯的定义[④]（见第 51 页）将功能 φ 归属给组成部分 x，其中包容性系统 s 是人工物，x 是其一部分，该人工物要解释的性能 Φ 对应于设计者明确归属给该人工物的功能。

作为一个 IC 析取理论，基契尔的方案有着 I 理论和 C 理论遗留的一些问题。人工物的功能归属总体上可能缺乏支持——基契尔例子中的机器可设计成用于地下运输，可以被归属这种性能作为其功能，即使它的物理结构和一辆普通的汽车相同。并非明确设计成具有特定性能的部件的功能归属不满足功能偶发性失常的用处，由于域内多元论，这些部件实际上能有相冲突的功能。例如，如果某种人工物的一个部件明确设计成电绝缘体，但通过导电有助于人工物实现（预期）功能，那么该组成部分既有绝缘的功能也有导电的功能。

3.5.2　克罗斯：一个 IC 合取理论

一个 IC 合取理论的例子更为精确：对于技术，一个包含 I 理论要素的 C 理论——是乌尔里克·克罗斯（Krohs，2009）为生物个体和人工物提出的一般功能理论。克罗斯首先将设计的一般概念定义为一个复杂实体的固定类型，这

①　Kitcher（1993：480）。
②　Kitcher（1993：480）。
③　Kitcher（1993：481）。
④　基契尔（Kitcher，1993：§V）在讨论将他的功能理论应用于生物个体时，明确整合了卡明斯（Cummins，1975）的理论。

意味着实体的部件作为实体的一部分，不仅归因于它们的类型，还归因于它们的属性（Krohs，2009：§3）。某种设计出的类型固定的部件，它的功能 φ 就是该组成部分对一个系统性能 Φ 的作用，即对设计的实现。

克罗斯介绍了 I 理论的要素，以防对系统进行不恰当的 C 功能分析——他的例子是归属于物理化学系统的功能，就像原子中的电子和水分循环中的云一样。尤其是系统发生的过程，即它们的个体发生，应该是"设计"的一种，即该过程应该是固定类型的。对于人工物，这个设计就是蓝图，它描述了诸如发动机、斧子和车轮这样的部件，因此有意向地被设定为一些类型的发动机、斧子和车轮。物理系统缺乏一个类型固定的过程；它们单纯基于组成部分的物理属性而发生，这些组成部分因此没有功能。通过这个设计上的约束，可以包含 I 理论的要素，避免了 C 理论的扩散问题。同时，一个功能的 C 特征避免了 I 理论的扩散和支持问题，这是部件对系统的实际影响。

正如 C 理论的所有拥护者一样，克罗斯能够解释功能和物理属性之间的关系（功能大致上是那些类型固定的部件对系统性能的影响）；也能解释技术创新（只要它们有类型固定的蓝图）。不同于纯粹的 C 理论，克罗斯的理论也处理了一些功能偶发性失常的例子：至少对于部件来说，类型固定决定了部件影响的标准，它们或许不满足这个标准。这意味着克罗斯的 IC 理论总体上满足了说明作为本章核心的技术人工物三种用处的需要。

不过，它遗留了其组成要素都有的问题：不清楚该理论是怎样解释适当—偶然的用处的区别。更具体地说，克罗斯的理论同前面发现的说明适当—偶然的用处区别的使用-计划分析没有直接的联系。原因在于该理论的 I 要素仅仅是指蓝图中物品的类型固定——在我们的特征描述中，它是指产品的设计。克罗斯设计的一般概念据说是包含生物学的，但并没有延伸到计划设计。因此，要在适当的和偶然的功能之间作区分，它还不够广泛。

公平地说，克罗斯分析了"具有某种功能"，这并不要求特许的经过设计的系统一定优先于别的经过设计的系统。因此，在一个系统中，牛奶罐有储存牛奶的功能，然而在另一系统中，它们用来种花，只要两个系统都有设计。在他的论文（Krohs，2009）末尾中，克罗斯评论道，原因理论的要素或许用来补充他的分析并引入系统必要的特权。在第 4 章中我们自己的方案证明了该建议的正确性。在我们使用-计划分析的背景下，意向理论、因果-作用理论和进化理论的复杂结合确实满足了说明所有四种用处的需要。

3.5.3 米利肯：一个 IE 析取理论

正如我们上面所表明的，在米利肯（Millikan，1984，1993）的原因理论中，可将直接的适当功能和衍生的适当功能归属给人工物。我们已经论述直接的适当功能类似于进化的功能。我们立即表明衍生的适当功能的特征类似于意向理论。因此，米利肯的理论在总体上能视为 IE 析取功能理论。但这个立场应该是合格的，[1] 因为米利肯在深刻而全面的适当功能理论范围内将两种类型功能的特征呈现为子理论。[2] 将她的理论视为析取理论所蕴涵的（域内）多元论，或许因而仅仅是表面上的（见 Preston（1998b：225-239））。

在 3.4 节中，我们介绍了米利肯的直接适当功能。重复组建的家族成员是将这种功能归属给物品的必要条件。对于衍生的适当功能则没有这样的条件。米利肯用生物学的一个例子介绍了这个概念。[3] 变色龙的皮肤有着变色机理，即重新分配色素的机理。这种机理有一个直接的适当功能：以前的变色龙有类似的机理，由于它和增强生存力的性能之间的正相关而重复产生。这种直接的适当功能是合理的，即将变色龙皮肤的颜色变成其周围环境的相同颜色。该机理的这种合理的（直接的）适当功能可用来定义它产生的个体功能；在本例中是变色龙皮肤所要求的特定颜色。一个特定的颜色不必是任何重复组建的家族成员：它可以是变色龙这种颜色的第一个记号。但是它是由一个具有合理的适当功能的器官产生的。因此，米利肯的理论表述说特定的颜色具有在特定环境中隐藏变色龙这个衍生的适当功能。所以衍生的适当功能是基于一个生物个体的因果历史来进行归属，即一个具有直接适当功能的个体的生成。此外，这个标准给意向留下了余地，因为相关生成过程的性质没有约束。米利肯通过将衍生的适当功能这个理论应用于人工物的方法，将它转变成了技术领域的意向功能理论。

按照米利肯的说法，"所有的工具都有像衍生的适当功能那样的功能，它们是设计者事先打算好的"。[4] 任何人工物都是重复产生的系统的产物，即主体的意向系统。[5] 如果我们根据这个意向理论将衍生的适当功能归属给人工物，它们必须符合意向系统，正如某特定颜色符合变色龙的变色机理一样。然而在

---

[1]　路文斯（Lewens，2004：§5.1，ch.7）对人工物功能归属的分析或许是多元的 IE 析取理论的可信例子。

[2]　例如，Millikan（1999）。

[3]　Millikan（1984：ch.2）。

[4]　Millikan（1984：49）。

[5]　事实上，米利肯声称她的生物语义学理论的主要优点之一是它采纳了意向性。她主张意向性和慎思如同愿望和信念一样，作为对真实信念和可实现愿望的进化压力的产物而出现。我们对这个解释不置可否——它对于米利肯理论的完整比该理论在技术领域的应用当然更为重要——我们只是研究它对人工物的影响。

关键时刻，该类比就失效了。该意向系统首先需要形成特定的愿望和信念，仅凭这些产生人工物；没有这样的中间物存在于变色龙的变色机理中。此外，变色龙的皮肤机理必须通过产生特定的颜色来实现其功能，但意向系统不需要产生人工物就能实现其功能，如教唆立即行动。米利肯似乎意识到了这个问题。她这样认为：特定的愿望有着衍生的适当功能作为意向系统的产物。它们的适当功能是使自己得以实现。人工物是愿望的产物，这些愿望通过使用人工物使自己的适当功能得以实现。因此，她声称人工物也有衍生的适当功能[①]：

……如果愿望通过制造某种工具……来产生某种结果，那么该工具（记号）……衍生的适当功能就是产生结果。因此，就像衍生的适当功能那样，人工物会有着它们制造者想要的功能……

无论是否接受这个方案，我们都将米利肯理论解释成 IE 析取理论，这表明要期待其他问题，即 I 理论和 E 理论问题案例的交叉。尤其是该理论引出了创新的人工物没有得到支持的功能归属。在米利肯理论中，地下旅行的交通工具并没有被归属为直接的适当功能，而被归属为地下交通运输的衍生的适当功能，这似乎是违反常理的。

3.5.4　斯珀伯：一个 IE 析取理论

斯珀伯（Sperber，2007）提出了一个同时应用于生物学和技术的功能理论，其中包括生物工程作用下的农作物、家畜和生物体所组成的这些领域的交叉部分。斯珀伯提出了他关于功能的一般概念，叫做"目的功能"，它来自米利肯："一旦 A 物品产生了 F 效果的这个事实帮助解释了 A 物品繁殖的事实，即保持重复产生，F 类型的一个效果就是 A 类型个体的目的功能。"[②] 目的功能可以是生物层面或是文化层面的，对于技术领域，后者是相关的。有着文化目的功能的物品就是斯珀伯所说的心理表征和公共产品："心理表征在主体中由心理过程建构。所谓'公共生产'，我是指行为（例如言语）和行为痕迹（例如写作），它们可以被感知，因此可以作为对其他主体心理过程的输入。"[③] 斯珀伯以皮肤晒成古铜色的例子来阐明文化的目的功能。晒成古铜色的心理表征和实际晒成古铜色，由于它们可感知的魅力目前重复产生，这种魅力成为它们文化的目的功能。斯珀伯承认文化的目的功能并没有充分体现人工物的所有功能；"就人工物本身而言它的功能"可以依赖于"任何设计人工物的人所构想

---

① Millikan（1999：205）。

② Sperber（2007：128；首次强调）。

③ Sperber（2007：128）。

的"人工物。① 为了体现剩余的这些功能，斯珀伯将人造物功能的概念定义为解释人工物为何被生产的预期效果；一个例子就是某人将一片树叶折起，为了取出掉在两块地板间裂缝里的戒指。这片折起的叶子将取出戒指作为它的人造物功能，但未必作为目的功能，因为折起的叶子不必是正在传播的类型的例子。但是斯珀伯注意到作为人造物功能复制的时候，它们可以迅速变为文化的目的功能："新的方糖带着这样的期望和意向重复产生：通过溶解使热饮变甜（这是它们的预期目的），因为方糖以前是有这种显著效果的（因此这也是它们的目的功能）。"②

在我们的术语中，文化的目的功能是 E 功能的例子，人工物的功能是 I 功能，从而将斯珀伯的理论转化成 IE 析取理论。作为 IE 理论，它面临着我们在考虑米利肯的理论时讨论过的同样的问题，即它导致了创新的人工物的非支持型的功能归属。

3.5.5　格里菲思：一个 IE 合取理论

格里菲思（Griffiths，1993）建构了人工物的功能理论，可以视为 IE 合取理论。格里菲思主要关注生物学；在该领域中他打算将 C 理论和 E 理论整合。但在他论文的结尾部分，他将他的方法应用于人工物上。他区分了类似于 I 理论和 E 理论的两个方案，前者提出"人工物的功能是它们的预期用途"，③ 后者提出人工物的适当功能对应于一些性能，设计者为了这些性能有意或无意地选择这些要重复产生的人工物，正如试错法中的设计那样。格里菲思然后规定为了将设计人工物的过程理解为选择的过程，要消除两个方案之间的差异，并建议"人工物的功能是它的预期用途，只是因为它实现其预期用途的能力赋予了它重复产生的倾向。"④ 因此，人工物的功能既是 I 功能也是 E 功能。

和 E 理论的合取避免了 I 理论的一些缺点：格里菲思理论中一个公司的清洁剂似乎不可能被归属削弱另一公司市场地位的功能。但 E 理论的许多缺点也适合这个 IE 合取理论，如创新的人工物仍然没有被归属（正确的）功能。

3.5.6　普雷斯顿：一个 CE 析取理论

普雷斯顿（Preston，1998b：§Ⅲ）构想了一个针对生物个体和技术物品

---

① Sperber（2007：129）。
② Sperber（2007：129）。
③ Griffiths（1993：418）。
④ Griffiths（1993：420）。

的功能理论，她将此呈现为直接适当功能的米利肯理论和卡明斯理论的多元析取。她的术语中适当的功能是指米利肯的直接适当功能，系统的功能指的是卡明斯的功能；在我们的术语中，普雷斯顿的方案算作 CE 析取理论。

人工物的适当功能对于普雷斯顿而言是"我们最有可能描述的功能，用来回答像'那个是做什么的？'或'那是什么？'这样的问题"。[①]"人工物获得这些适当功能的过程在基本方面类似于生物学特征获得它们的适当功能这个自然选择的过程"，[②] 而且普雷斯顿在解释她的理论时确实接近进化的理论。发明家或设计师可以生产一种新型人工物，或者主体可以将现有人工物派上新的用场。然而只有这种新型人工物或新用途成功了，人工物才被重复产生，它的性能才成为适当的功能。因此，和米利肯相比，普雷斯顿以人工物的设计者为代价强调使用者。使用者决定了哪些人工物是成功的，他们的偏好为生物学特征创造了选择性环境的技术模拟。设计者似乎起着辅助的作用。他们生产人工物或者创造增强型的、更为复杂的人工物（从他们有意地进行这个事实来看这一点很有效）。但当设计或重复产生那些人工物时，他们的意向并不（完全或是部分）决定那些人工物的适当功能。[③] 因此，如果一个人工物有一系列前有物品，这个物品和其前有人工物都被设计用于某种称心的性能 φ，那么只有当这种性能使得物品被成功使用时，该性能才是人工物的一个适当的功能。

在人工物有作为适当功能的某种性能之前，比如只要人工物是新的，不可能为某种性能而重复产生，它就具有作为系统功能的性能。因此，在普雷斯顿的理论中，人工物的系统功能进入了可出现适当功能的领域。普雷斯顿也使用了系统功能的概念来分析其他关于人工物及其使用的现象。例如，她定义了标准化的持续扩展适应和特质的持续扩展适应，[④] 这是为体现出人工物往往被系统地用于特定性能，即使这些性能不是人工物重复产生而需要的性能。标准化的持续扩展适应是这种系统使用中在文化上广泛传播的例子。标准化地用作台阶的椅子和标准化地用来开油漆罐的螺丝刀就是这样的例子。特质的持续扩展适应是人工物的私人的创造性使用。例如，普雷斯顿她自己把旧式铸铁制的挡门器作为书立，把 10 磅重的绅士牌花生罐当做废纸筐。她能将这些持续扩展适应描述成用来定义人工物的系统功能，而非适当的功能：扩展适应选出了描

----

① Preston（1998b：243）。
② Preston（1998b：243）。
③ 例如，普雷斯顿（Preston，2006）认为设计者的意图不能被视为足以建立人工物的一个适当功能；另见 Preston（2003）。
④ "扩展适应"这个术语源自进化的理论和生物学理论的文献（Gould and Vrba，1982），这里被转换到了技术领域。

述人工物系统性使用的性能，而不是人工物重复产生所要的性能。

　　作为一种 CE 析取理论，普雷斯顿的方案存在的问题有望在 C 理论和 E 理论失效的情况下出现。这些情况涉及创新的但却是功能偶发性失常的人工物。这类人工物和其他类型的人工物相比或许数量少，但它在概念上是很重要的。在创新的原初模型的生产中，许多原初模型的功能偶发性失常，但该生产是大多数设计过程中一个标准的要素。既然这个过程的目的是生产一个功能物体，似乎不可接受将功能归属给不成功的原初模型这种事情。普雷斯顿似乎承认了这个问题；例如，她主张放弃说明技术人工物的创新用处。① 她有理由指出她的理论仍然允许她将这些功能偶发性失常的原初模型描述成由主体设计的人工物，这些主体头脑中对人工物有着独特的目的。②

3.5.7　保罗·谢尔登·戴维斯：一个 CE 合取理论

　　C 理论和 E 理论是生物学中的两个主要功能理论。③ 一些作者已提出那个领域将两者结合的解释。普雷斯顿的理论是生物学的一个 CE 析取理论，基契尔（Kitcher，1993）也提出同样的观点。CE 合取理论也能在那个领域中找到。戈弗雷-史密斯（Godfrey-Smith，1994）将卡明斯那样的要素融入到他的进化的原因理论中，布勒（Buller，1998）认为原因理论必须视为卡明斯功能分析理论的规范，沃尔什和亚瑞（Walsh and Ariew，1996）将生物学的 E 功能视为 C 功能的例子。同样的，保罗·谢尔登·戴维斯（Davies，2000，2001）认为原因理论的功能事实上是一种"卡明斯类型"的功能。大多数作者主要为生物学领域扩展空间；只有戴维斯声称他的"自然规范"理论"涵盖了生物科学和非生物科学中的功能归属"。④ 因此，如果技术被包含在戴维斯的非生物科学中，他的理论可以视为人工物 CE 合取功能理论的例子。目前对于这种理论，我们感受到的缺点是可以预测的。从 C 理论看，它遗留了这样的问题，即它不需要满足说明功能偶发性失常的用处的需要；⑤ 从 E 理论看，它遗留了这样的问题，即它不能将（适当的）功能归属给创新的人工物。

---

　　① 普雷斯顿（Preston，2003）的论据有一部分使得 Vermaas 和 Houkes（2003）介绍的四种用处的不一致性看似合理，也有一部分使得最好放弃创新的用处看似合理。这四种用处和本书中所阐述的用处本质上是一样的；我们通过表明第 4 章的方案满足说明这些用处的需要，来回应这种不一致性。

　　② Preston（2006）。

　　③ I 理论在生物学中也起着作用，例如，当作者试图将生物功能分解为那些通过将生物个体看成人工物那样而归属功能的时候；见 6.4 节。

　　④ Davies（2000：100）。

　　⑤ 戴维斯（Davies，2000：94）承认这个问题，但拒绝将它视为对他理论的致命反驳。他声称原因理论首先没有满足说明功能偶发性失常的用处的需要，以便将它们归属给卡明斯的功能分析时不造成伤害。

第 4 章　ICE 功能理论

通过使用-计划的方法去研究人工物的使用和设计，并评论现有的功能理论，我们已汇集了构想一个适用于技术领域的功能理论的种种方法。该理论是在我们对设计的使用-计划分析的背景下专门建构的，并融入了意向功能理论、因果-作用功能理论和进化功能理论的要素。为此，我们把研究的这个核心结果称为 ICE 功能理论。

我们先总结使用-计划方法的相关部分，并辨别出它与意向功能理论、因果-作用功能理论和进化功能理论的共同之处。然后，在 4.2 节我们给出了人工物的正当功能归属的两个联系紧密的定义，它们是和那些人工物的使用计划相关的。在 4.3 节我们表明这些定义和使用-计划方法本身满足了说明导论中所列出的适当的—偶然的用处、得到支持的用处和创新的用处的需要。我们也表明 ICE 理论满足了说明功能偶发性失常的用处的需要，尽管从技术层面说它最终可能被视为是不满足的。因此，在第 5 章我们将关注这个最终的用处，并表明 ICE 功能理论和使用-计划方法一起如何能在广义上去解释人工物的功能偶发性失常的现象。

我们的方案并没体现人工物的所有功能描述。在这两个核心定义上，功能可能只是有理由被归属给和人工物的使用的计划相关的这些人工物。实际上，主体不用考虑这种计划就能给出人工物的功能描述，在一些情况下把它们重构成和使用计划相关的归属功能似乎有点做作。这个论据迫使我们最后通过解释对人工物无计划的、功能-作用的归属来丰富我们的功能理论。

4.1　一个针对功能的使用-计划方法

由于已经论述了现有的功能理论和更为抽象的基本理论不满足说明适当的—偶然的、功能偶发性失常的、得到支持的和创新的用处的需要，我们现在为技术功能理论给出自己的方案。该方案建立在使用-计划方法上，尤其是在 2.4 节中设计的重构上。在那个重构基础之上，设计者开发了让使用者能实现特定目标的使用计划，并且相信执行该计划时操作的人工物有着特定的理化性能，使得这个使用的计划成功地执行。这是设计者得到物理支持的信念（正如表 2.2 中重构的 D.7 步骤）。在我们的功能理论层面上，设计者将这些性能作为功能归属给相关人工物。这使得我们的方案主要成为一个意向功能理论。人工物的功能归属是由设计人工物使用计划的人的信念决定的。① 它基于主体的信念和行动明确地描绘了正当的功能归属的特征，而没有将功能定义为人工物的独立于信念和行动的属性。然而在使用-计划方法的基础上，我们的理论也继承了因果-作用的和进化的功能理论独具特色的要素。这使它成为了涵盖所有这三个基本功能理论部分的理论。为此，我们将这一方案称为 ICE 功能理论。

使用者当然也可以将功能归属给人工物，但这不是他们对人工物的特征描述的要素。如果他们确实要归属功能，我们把使用者归属的理化性能视为功能，使用者认为那些性能对成功执行人工物的使用计划负有责任。这些使用者的信念可以基于使用计划的设计者的说明书，意味着使用者的功能归属可以间接地由设计者的信念决定。

在本章中，我们提出了自己的功能理论。我们展示了它是如何通过辨别这些理论和我们的使用-计划方法的共同之处来包含和修饰意向功能理论、因果-作用功能理论及进化的功能理论中的要素。我们认为第 3 章所确认的基本理论的缺点，通过求助使用计划和我们对使用和设计的重构是可以被克服的。这并不能立即显现我们的方案的相对优点。首先，还需要对主体与人工物交互作用中所扮演的角色进行一些更为细致的特征描述。结果是许多常用于阐明功能理论的研究反而能由关于功能-归属主体的理论来完成；这就是我们为什么喜欢功能-归属的构想胜过功能作为属性的构想的一个原因。

在 4.2 节中我们给出了与人工物的使用计划相关的功能归属的定义。我们再次表明在这些定义中采用并修改了基本理论中的哪些要素。我们的理论不是意向功能理论、因果-作用功能理论和进化的功能理论的直接合取或析取；鉴于在第 3 章结尾处的讨论，这样一种组合是不能成功的。在 4.3 节中我们通过表明它是如何体现不同类型主体的功能归属，以及它是如何满足我们人工物哲学所采用的四种用处来评价自己的方案。最后，我们承认我们的定义没有体现人工物的所有功能。在 4.4 节中我们用人工物的功能作用的第二种无计划归属来丰富我们的方案。

首先，我们通过明确地连接我们的使用-计划方法和三个基本功能理论，把第 2 章和第 3 章的结果进行结合。

---

① 人工物和计划的功能描述之间的关系，也可以在 Wimsatt（1972：38，table 1）中找到。

4.1.1　使用-计划方法的意向要素

在使用-计划方法和意向功能理论中，人工物主要是在目的论情境中描述的。人工物被主体看成是实现目的的手段的物品。在 3.2 节我们广义的特征描述中，意向功能理论对人工物可以达到的目的不作要求。这导致功能的扩散和对得到支持的人工物所设置的限制的敏感度缺乏。使用-计划方法更具有限制性：如果主体相信人工物使用计划的执行实现了目的，那么人工物只是达到目的的手段。换句话说，主体应该相信执行一系列行动，包括操作人工物，引出了目标状态。例如，如果主体是人工物的使用者，我们对使用的重构就要求主体想到一个或更多现有的人工物的使用计划，并相信执行这样一个计划能产生特定的目标（在人工物使用重构中的 U.2 步骤和 U.3 步骤；见表 2.1）。如果考虑人工物的主体是使用计划或可能是人工物本身的设计者，那么根据定义他相信存在人工物的使用计划。然而在我们的重构中，也要求设计者相信这个计划在执行时引出了他想要达成的目标（设计重构中的 D.5 步骤；见表 2.2）。在2.4 节我们把这种信念叫做关于人工物的使用计划的有效性信念。本章中把它更简洁地称为 B_{eff}。

使用-计划方法强加的要求并不能完全回避扩散，但它构建了明显的屏障。尤其是这些要求排除了以下情况，即主体将人工物和目标联系起来，不去相信存在人工物实现目标的使用计划。因此，为了时间旅行只保留一根铅笔而不相信铅笔或许被操作来时间旅行，是不足以将铅笔描述成用于时间旅行的装置的。然而，只要主体体会过建构一个相关的使用计划的麻烦，他们仍然可以将人工物和特异的或得不到支持的目标联系起来。只有进一步的约束才排除了功能归属这样的情况。为了找到这些约束，我们转向使用-计划方法的因果-作用的和进化的要素。

4.1.2　使用-计划方法的因果-作用要素

在因果-作用功能理论中，人工物的功能描述应该由真实的或至少正当的信念支持，并且和解释 A 相关。在使用-计划方法中，我们仅在正当理由的弱的意义上融入这种支持。功能归属的主体应该相信存在一个使用计划，与其相关的功能可以被归属；他们应该相信执行这个计划就实现了目标。在 2.6 节中讨论的关于计划的信念一致性的标准，因而可以用来要求主体证明这些信念是合理的。一个使用计划的设计者 d 能够轻易证明关于某个计划存在这个信念的正当性，但仍需要证明他的信念 B_{eff} 的正当性，即该计划基于某种解释 A 引出了它的目标。使用者 u 可以基于说明书来证明他相信使用计划存在和他的有效性信念 B_{eff} 的正当性。使用者也可以基于解释 A 来证明 B_{eff} 的正当性，但在我们的功能理论中和基于说明书的情况相比，我们用不同的方法来体现最后的这种情况。① 除了"设计者"，我们特别引入了不同角色。考虑现有使用计划并能证明 B_{eff} 的正当性的主体被称作使用计划的证明者"j"。② 认识上更为被动、依赖于说明书的使用者被称作被动使用者，用"u"来表示。除非特别指出，"使用者"指的就是证明者和被动使用者。

相反，我们不要求 B_{eff} 和其他的信念是真实的，而只要求是正当的，这是为了给使用计划的不成功执行留有余地。如果关于使用计划的有效性信念 B_{eff} 是真实的，那么（正确地）执行一个使用计划必须引出目标状态的实现。因此，不能有人工物出现不好用的情况。然而，如果 B_{eff} 只是基于一种解释或是说明书来证明它的正当性，那么使用计划或许会失败，人工物的功能或许会偶发性失常。

关于正当理由的要求排除了人工物和没有得到支持的目标的联系。既然设计者 d 和证明者 j 不得不基于某种解释 A 证明他们有效性信念 B_{eff} 的正当性，一定有一个公认的方法来支持这个信念：人工物能成功用来实现一个目标。既然被动使用者 u 不得不基于说明书来证明他们信念 B_{eff} 的正当性，他们至少会间接支持他们的有效性信念。因此，一辆"地下运输车"的车主凭借该交通工具存在对应的使用计划和该计划可行这样的想法，是不能赋予其地下交通运输的作用的。在使用-计划的方法中，这个主体应该诉诸说明书或某种主张来证明这些信念的正当性，其中包括有效性信念。

4.1.3　使用-计划方法的进化的要素

使用-计划方法和进化的功能理论都提出了从历史的角度看待人工物，这为功能性主张提供了支持。在进化的功能理论中，对人工物的历史描述基于某种和新达尔文进化论对应的技术理论。这就通过参照人工物的前有物支持了关于技术功能的主张：这些有着对应于功能的性能，很可能使得家族目前的成员

---

① 援引说明书和有效性信念证据的其他来源，并不意味着我们接受非还原论者对说明书的看法。例如，说明书或许可还原成设计者在测试人工物时所获得的成功使用的经验。因此，我们可以在广受争议的说明书可还原性上选择保持中立；例如，该争论的综述和最近一些文献见 Lipton (1998)、Lackey (2003)、Lackey 和 Sosa (2006)。

② 使用计划的设计者 d 也是证明该计划 B_{eff} 正当性的主体。我们因此也可以将它们视为证明者。通常，我们只是将（非被动）使用者视为证明者。

也有这种性能。在使用-计划的方法中，人工物的相关历史关注使用计划的传达，这其中人工物起着一定的作用。这种传达起源于使用计划的设计者（2.4节）。计划的传达给其他主体提供了信念的支持，即这些使用计划是存在的，至少一些主体——尤其是设计者——已证明了关于这些计划的有效性信念 B_{eff} 的正当性。通过将其他这些主体视为可靠的证人，主体最好采取这些有效性信念 B_{eff}，并基于说明书来证明它们的正当性。传达的这段历史至少会涉及使用计划的设计者，该设计者告知另一个作为唯一潜在使用者的主体。或者，可能有一个整体的传达树状网络，其树枝包括一系列传递着使用计划的主体。从一个追溯使用计划来源的使用者的角度看，这段历史看起来像是主体的传达链，他们已把计划通知给其他人，为彼此的有效性信念提供或传达了支持。

人工物的使用计划要再次传达给使用者，这个要求提高了将目标和人工物联系的门槛。它排除了人工物和特异目标之间的联系。当设计者开发新的使用计划时，他们可以有不同的个人目标，如他们用所得收入支付下个月的房租。但一般来说，他们不把这些目标传达给使用者。一种新型清洁剂一般以清洁衣物的计划呈现给使用者，而不是作为设计者和制造商赚钱或是占有较大市场份额的一种手段。[①]

关于使用计划传达链的具体讨论，允许我们收集使用-计划方法的更多要素，用于构想我们的功能归属理论。

4.1.4 使用-计划的传达链

我们首先考虑当下通用的人工物，比如计算机和手机。一般来说，它们是通过传达链将人工物使用计划告知使用者的，这种传达链有明确的起点，即这些人工物和它们使用计划的设计过程。我们要求设计者 d 要有信念 B_{eff}，就是使用的计划导出了它的目标，该信念基于某种解释 A 来证明它的正当性。此外，设计者不得不把使用计划传达给潜在使用者 u，以某种方式表达他们的有效性信念 B_{eff}。通过承认这种传达是真实的，其他主体可以为使用计划的存在和设计者相信它起作用的事实诉诸说明书；此外，如果其他主体将设计者视为可靠的证明人，他们自己可以采取信念 B_{eff}，并可以通过诉诸说明书来证明它

---

① 尽管如此，这种清洁剂可看成被嵌入到使用的计划中，目标是占有较大的市场份额。商业策划师可以设计这样一个使用计划。第二个使用计划通常不会传达给最终使用清洁剂清理衣物的那些人，意味着这些主体没有理由——或至少没有基于直接的计划传达——将清洁剂和这个商业目标联系起来。如果通常使用清洁剂的主体仍然从占有较大市场份额的使用计划角度考虑清洁剂，他们这么做是以清洁剂的观察者身份而不是以它的使用者身份（在 4.4 节我们将介绍与人工物有关的观察者这个主体角色）。

的正当性。这种情况下，其他主体扮演着被动使用者的角色。

这个传达链不必就此结束。使用者一般用两种方法中的一种将使用计划传达给其他潜在使用者。① 首先，使用者自己也许能证明有效性信念 B_{eff} 的正当性，因为她有过像使用计划导出了它的目标这样的实践经验，或者因为她像设计者那样能给出某种解释 A。那么使用者就是使用计划的证明者 j，能够将使用计划和她的正当信念 B_{eff} 传达给另一个使用者 u'。通过承认这种传达是真实的，另一个主体 u' 可以反过来为使用计划的存在和证明者 j 有着信念 B_{eff} 的事实诉诸说明书；此外，如果另一个主体将 j 视为可靠的证明人，那么 u' 可以采取信念 B_{eff}，并可以通过诉诸说明书来证明它的正当性。因此，证明者在认识论上与设计者隔离开来。或者，最初的使用者可以简单地将使用计划传给另一个使用者 u'，该计划是设计者 d 或是先前的证明者 j 传达给他的。在这种情况下，使用者 u 是被动的，不会有认识论上的隔离。

这个模型可能不会应用于非常传统的人工物，如钉子、扫帚和面粉。在这里，传达链或许没有明确的起点。这种人工物的使用计划似乎缺乏真正的设计者，但它在古代或史前时期就产生了。不过，这些使用计划从一个使用者传达到另一个。此外，出于集体非理性的烦恼，这些使用者有一部分人为了传达计划将证明有效性信念 B_{eff} 的正当性；使用计划导出其目标的实践经历就够了。因此，这些使用者或许已经扮演了计划的证明者 j。这些证明者隔离了有效性信念的早期正当理由。这意味着对传统人工物使用计划历史起源的无知，对于功能归属的正当理由来说并不是一个问题：出于认识目的和合理性的目的，传达链终止于最近的证明者，后来的使用者可以诉诸他们的说明书。② 因此，在使用-计划方法中，所有人工物都有传达的使用计划，并且传达链中总有一些主体已经证明了计划的正当性，以消除不合理使用带来的烦恼。对于源于设计的使用计划，这个链条能表现为如下：

$$d \Rightarrow u \Rightarrow u \Rightarrow j \Rightarrow u \Rightarrow j \Rightarrow u \cdots$$

这里的"$d \Rightarrow$"代表设计者 d 传达使用计划，为他的信念 B_{eff} 证明该计划可行，

---

① 在使用-计划分析中，不要求使用者将使用计划传达给其他人。而实践中他们通常会这么做。实际上，大多数人并不是从设计者那获得杯子、锤子、洗碗机和汽车的操作信息，而是从其他使用者那里获得。

② 类似地，证明者可对糟糕的设计进行补偿，或者宣布无效并更新设计者的正当理由。设计者传达使用计划时对其有效性可能没有充分的正当理由。尽管这种设计在我们的重构中必须被否定地评估，这种评价不必延伸到今后的使用中。使用者可能逐渐地获得使用计划有效性的足够证据，并在今后的使用中担当证明者。然后这些证明者隔离了设计者的无能或无知，证明者的说明书使得合理使用变得现实。

"j⇒"代表一个证明者传达使用计划，为它的有效性提供说明，"u⇒"代表一个被动使用者可以求助证明者或设计者的说明书并传达使用计划。对于设计来源并不明显的使用计划，这条传达链可以表示如下：

$$\cdots u{\Rightarrow}u{\Rightarrow}j{\Rightarrow}u{\Rightarrow}u{\Rightarrow}j{\Rightarrow}u{\Rightarrow}u{\Rightarrow}u\cdots$$

和传达链的分析相关，设计者、证明者和被动使用者的角色可更精确地用表4.1中的条件来描述。[①] 这些条件标记为"I""C""E"，是为了指出和意图功能理论、因果-作用理论或是进化的功能理论的相似性。[②]

表 4.1　使用计划传达链中主体的作用

一个主体是物品 x 的使用计划 p 的设计者 d，当且仅当：	D.	d 已开发了 p，目的是使其他主体实施行动 p 以导致 p 的目标； d 有意向地选择 x 作为要操作的物品，成为实施 p 的一部分；
	I.	d 有着信念 B_{eff}，即实施 p 以实现它的目标；
	C.	d 基于解释 A 能够证明 B_{eff} 的正当性；而且
	E.	d 传达 p 并向其他主体证明他的信念 B_{eff}。
一个主体是物品 x 的使用计划 p 的证明者 j，当且仅当：	I.	j 有着信念 B_{eff}，即实施 p 以实现它的目标； j 相信 p 的设计者 d 或另一个证明者 j' 有着信念 B_{eff}；
	C.	j 基于说明 A 能够证明 B_{eff} 的正当性； j 基于说明书 T 能够证明 d/j' 有着信念 B_{eff}；而且
	E.	j 接受 p 和 T，即 d/j' 有着 B_{eff}。
一个主体是物品 x 的使用计划 p 的被动使用者 u，当且仅当：	I.	u 有着信念 B_{eff}，即实施 p 以实现它的目标； u 相信 p 的设计者 d 或证明者 j 有着信念 B_{eff}；
	C.	u 基于说明书 T 能够证明 B_{eff} 的正当性； u 基于说明书 T 能够证明 d/j 有着信念 B_{eff}；而且
	E.	u 接受 p 和 T，即 d/j 有着 B_{eff}。

这种描述允许我们得出一个稍后会起到作用的结论：属于传达链上的任何使用者 u 或证明者 j，可以通过较早的证明者 j' 或设计者 d，将使用计划的存在和该计划起作用的信念 B_{eff} 求助说明书。

这种简要勾画的传达的历史从新达尔文主义的观点看并不是进化史。例如，在基因型和表型之间没有区别，我们也不假设该传达考虑到了突变和选择。为此，4.2 节提出的功能理论不是进化的功能理论；它只是融入了那个基本理论的一些要素。

---

① 证明者的特征描述是递归的，这对设计中有着明确起点的传达链是讲得通的。设计者 d 然后算作第一个证明者。对于有着无穷后退的传达链，尤其对使用者的特征描述，似乎是过度的。人们可以举出满足两个条件但不满足第三个条件的主体的例子。但对于有着血肉之躯的主体来说，满足 E 条件通常暗示他们也满足 I 条件和 C 条件。

② 对这种标记应该持保留态度。使用者或证明者应将她的信念，即设计者或（另一个）证明者具有信念 B_{eff}，建立在说明书的基础上，这个条件源自进化的功能理论。为了将所有正当理由的条件归到一起，我们仍然把它标记为"C"。

设计、证明正当性和被动使用这三者的作用包含了与人工物的广泛接触，但这种类型分析并不是很详尽的：在 4.4 节中，我们介绍两种附加作用。在此之前，我们来描述主体在发挥目前定义的三个作用之一时，是如何有理由将功能归属给人工物的。这并不是以一种随意的方式架空这一阶段。本章末尾会更加明确地表明，作用的不同可以反映出主体对人工物进行的功能描述类型的不同。

4.2 功能归属

在本节中，我们提出自己的技术功能理论，或者更精确地说，人工物正当的功能归属理论。设计、证明正当性和被动使用中主体作用的定义可以作为该理论的初步准备，因为它们阐明了是谁把功能归属给了人工物。我们的理论为功能归属提供了标准，因为它们是由发挥某种作用的主体产生的。

4.2.1 作为理化性能的功能

另一个基本问题是关于我们理论中要归属的是什么。在归属功能 φ 时，主体关于人工物都说了些什么？什么是"起 φ 的作用"？从第 3 章的综述中可以得出，在当前的理论中，技术功能可以对应于通过操作人工物预期要达成的一个目标，或者对应于人工物有助于实现该目标的一种理化性能。在我们的理论中，我们取后者的观点：将功能归属给人工物意味着把理化性能归属给它，如"发光""去除衣服污渍"或者"阻止血液凝块"。因此，在整本书中，归属一项功能的行为被详细描述为"将性能 φ 归属给人工物作为一项功能"。如果这个准确的构想会导致不必要的复杂或迷惑的句子，我们使用简化的"归属功能 φ"。

这种观点的一个优点是我们不用将人工物使用的所有不成功案例描述成人工物的功能失常的案例。例如，试想一根激光笔，它被设计用来发射出绿色光点，让主体在演讲时指出投射在幻灯片上的内容。当演讲的屋子光线太亮时，使用这根激光笔就不成功了，即使这根笔仍发射出绿色光点。对于未能成功的精确描述，似乎是这支笔实现了其预期功能，但物理情境没能使指出幻灯片上内容这个目标得以实现。该描述适用于那些区分与人工物有关的目标和功能有差别的功能理论，而不适用于目标和功能相一致的那些理论。

我们将性能视为典型的，但不是唯一的倾向，依据芒福德（Mumford，1998：chs. 3-4）的观点，从适用于某些理想条件的虚拟条件句的角度能做出分析。① 例如，对应于激光笔的功能的性能，被更为精确地描述成"当力作用于笔的开关时发射出光"。而"去除衣服污渍"的性能可详细地说成是"当接触油脂和水时溶解油脂"。然而，可被描述成功能的性能有时似乎不接受这个条件分析。例如，钴-60 放射伽马射线的性能，它在农业育种中被用来加速农作物的基因突变。这种放射似乎是钴-60 的简单属性，它独立于任何先例的实现。

在对"去除衣服污渍"性能的条件分析中，把前件描述成"当接触油脂和水时"可视为相当完整的条件。对前件"当力作用于笔的开关时"的分析明显是不全面的。甚至在理想的环境下，充电电池是笔发光的另一个要素。在对应于技术功能的理化性能的条件分析中，我们承认前件或许是不完整的；我们把其他的相关前件视为正常条件的一部分。这里我们依从 Bell，Snooke and Price（2005）的观点，他们在工程领域凭借触发器和效应建立了电力系统功能的理论模式，因此实际上只是关注那些和使用相关的系统性能的前件和结果。触发器可包括开关的开/关两个位置，因为这些是由使用者操作的，但通常不包括系统电压，因为这些电压是默认存在于电力系统中的。②

4.2.2 "大众物理学"对性能的描述

上述关于性能的例子带给我们另一个基本问题。在我们的理论中，我们要求归属给人工物的功能是理化性能。这并不立即适合所有的功能描述。"发光"明显选出了激光笔的理化特征，但清洁剂"去除衣服污渍"和阿司匹林"阻止血液凝块"似乎太通俗，并且立即和目标相关，不能选出相关人工物的理化属性和倾向。像"污渍"和"阻止"这样的术语或多或少指涉了主体的喜好和目标。

为了使通俗的构想符合我们的理论，我们把它们视为对性能的粗略描述，因为它们一般是人工物使用者给出的。比如"去除衣服污渍"描述了清洁剂的理化性能，用更为复杂的方法就描述成"约束特定的物质并让其溶于水中"。对于使得人工物成为达成目标的恰当手段的那些物理和化学细节，通常不告知

---

① 由于包含了这些理想条件，芒福德（Mumford，1998：88）从有条件的条件句方面谈到了一项分析。

② 应该承认工程领域中，不是所有的作者在建立技术功能模型时会忽略默认的前件。例如，在斯通和伍德（Stone and Wood，2000）提出的功能模型中，代表功能的条件句先例包含了所有的材料、能源和信息流，它们是使人工物产生相关的结果所需的。工程科学中观点和方法的这种多样性，再一次说明仅仅基于工程分析来找出清晰概念的困难。

给使用者，他们对其也不感兴趣。因此，他们或许对这些人工物的理化性能做出粗略的或是"大众物理学"意义上的描述，包括那些对应于它们功能的描述。人工物的设计者或是主体如果被告知了物理化学细节，通常能用物理化学术语来描述一种性能。例如，阿司匹林的一个功能用日常术语被描述成阻止血液凝块的性能；而用物理化学术语则是"将血小板中的环加氧酶乙酰化"。因此，如果主体将"阻止血液凝块"的功能归属给阿司匹林，严格来讲，他们归属的是"将血小板中的环加氧酶乙酰化"这种理化性能。①

4.2.3　选出正确的性能

激光笔的例子能用于介绍我们的人工物的正当功能归属理论。在我们的使用-计划方法上，这支笔是有使用计划的，它包括笔的操作并引出了目标，即指出投射在幻灯片上的内容。通过我们对主体作用的定义，这个使用计划的设计者和可能的证明者有着有效性信念 B_{eff}，即这个计划在被执行时导致了能够指出幻灯片上的内容的效果。此外，这些主体能基于某个解释 A 来证明 B_{eff} 的正当性。被动使用者也有着有效性信念 B_{eff}，并相信这个计划的设计者和/或证明者有着 B_{eff}；被动使用者通过诉诸说明书来证明两个信念的正当性。鉴于我们解决了上一个基本问题，归属给激光笔的功能是它发射绿色光点的理化性能。因此，我们的理论需要选出笔的这种性能。有效性信念 B_{eff} 和它的正当理由为此提供了自然的方法。

对于一个设计者而言，这个有效性信念是基于对笔的理化性能的信念。在我们对设计过程的重构中（见 2.4 节），设计者的信念是设计出的使用计划有效（重构中的步骤 D.5），更为具体的信念（步骤 D.7 中要求的物理支持信念）是该计划有效的原因在于人工物有特定的理化性能 $\{\varphi_{n,1}, \varphi_{n,2}, \cdots\}$。如果设计者能够证明这一得到物理支持的信念是合理的，设计过程就是合理的，尤其是信念一致的。因此，激光笔的设计者必须能够合理证明它有着特定的理化性能，也要证明这些性能解释了为什么可有效使用笔来指出投射在幻灯片上的内容。对于激光笔，正是它发射绿光点的理化性能在这个物理支持信念起着重要作用。因此，对于设计者，我们的正当功能归属理论能够选出设计者归属给人工物作为功能的理化性能：这些性能在设计者的物理支持信念中起

---

①　我们对于归属于人工物的功能是理化性能这种要求有了结果。回顾清洁剂的例子，它有一部分设计是为了让公司占有较大的市场份额。假设有人声称清洁剂是"用于消费者购买的"。既然这不是清洁剂的理化性能，该论断就不会达到我们理论中的功能归属的要求。不过，它可以理解成清洁剂的经济功能或社会功能归属。我们的理论不讨论这些功能，只讨论技术功能归属。

着重要作用。

我们对使用的重构（2.3节）并不为选出理化性能提供类似的方法。然而，证明者和被动使用者的定义却能够提供这一点。证明者被要求具有和使用计划相关的有效性信念 B_{eff}，并证明该信念的正当性。这个有效性信念 B_{eff} 不必是设计的物理支持信念；证明者可基于经验相信执行使用计划会导出它的目标。不过，如果证明者要归属功能，我们要求她的有效性信念 B_{eff} 应基于正当的得到物理支持信念，正如设计者的有效性信念一样。[①] 因此，我们的理论能选出证明者在功能归属中归属给人工物的理化性能：再次说明，它们是证明者本身的物理支持信念中指涉的性能。

类似地，如果被动使用者把功能归属给人工物，我们要求他的关于这些人工物使用计划的有效性信念 B_{eff} 基于正当的得到物理支持信念，也要求他的关于使用计划的设计者和/或证明者要有 B_{eff} 这个信念基于如此的信念，即这些设计者和/或证明者有着物理支持的信念。被动使用者可通过诉诸说明书来证明所有这些信念的正当性。因此，对于被动使用者，我们的理论能选出被动使用者在功能归属中归属给人工物的理化性能：再次说明，这是一些在物理支持信念中起重要作用的性能。然而，被动使用者通常粗略地描述这些性能，将他们的信念基于说明书。

4.2.4 功能归属的定义

基于我们解决前面基本问题的方法，我们能够给出不同主体归属功能的统一解释。如果设计者、证明者或被动使用者把功能 φ 归属给人工物，他就相信人工物有着理化性能 φ，并且这种性能促成了人工物使用计划的有效性；此外，他能证明这个物理支持信念的正当性，由此证明了有效性信念 B_{eff} 的正当性。再看之前的例子：如果主体把发射绿色光点的功能归属给激光笔的话，他们有理由相信激光笔有发射绿色光点的功能，并且依据该性能制订了一个激光笔的使用计划，有效用于指出幻灯片上的内容。证明得到物理支持的信念正当性的方法由于主体作用的不同而有所不同。激光笔使用计划的设计者和证明者主要依赖某个说明 A，而笔的被动使用者依赖的是说明书。在我们的功能归属的定义中，我们由此区分这些主体的作用，以便更精确地表明功能归属的认识来源。尽管如此，我们对正当功能归属的总体描述已经接受这个结论：所有功能

---

① 证明者的物理-支持信念可以和设计者的物理支持信念相同，但这不是必须的：证明者可以升级计划原有设计者的得到物理支持的信念（另见75页的脚注2）。

都归属给和这些人工物使用计划相关的人工物。

令 B_{cap} 表示性能信念,即人工物有着理化性能 φ,令 B_{con} 表示作用信念,即人工物的理化性能 φ 促成了其使用计划目标的实现。综合起来,这些信念构成了关于使用计划的得到物理支持的信念的一部分,即 B_{cap} 和 B_{con} 的结合是这样一种信念:φ 是人工物的一个理化性能,它部分解释了使用计划的有效性。使用计划的设计者或证明者进行正当的功能归属,我们对它的定义是:

设计者或证明者做出的功能归属

设计者 d 或证明者 j 有理由将理化性能 φ 作为一项功能归属给人工物 x,并且与 x 的使用计划 p 和解释 A 都相关,当且仅当:

I. d/j 有着信念 B_{cap}:x 有性能 φ;

d/j 有着信念 B_{con}:部分由于 x 的性能 φ,p 导出了它的目标;而且

C. d/j 能够基于 A 证明 B_{cap} 和 B_{con} 的正当性。

这个定义中的条件——我们再次把它们标注为"I"和"C"以表明和基本功能理论的相似度——附加在成为设计者或证明者的使用-计划条件(见表4.1)上。因此,设计者或证明者仍应该将使用计划传达给使用者 u,为该计划可行这个信念 B_{eff} 提供说明书。如果基于说明书的有效性信念包括性能信念 B_{cap} 和作用信念 B_{con},并且使用者接受这种说明,那么使用者可以相信设计者或证明者有着一些信念 B_{cap} 和 B_{con},使用者本身也有理由拥有这些信念。凭借这种方法,被动使用者就可以清楚地解释有着正当依据的信念 B_{eff}:计划可行是由于人工物的理化性能。如果使用者阐明了这个信念,他们就把功能归属给人工物;否则就不归属功能。我们对被动使用者归属正当功能的定义是:

被动使用者做出的功能归属

被动使用者 u 有理由将理化性能 φ 作为一项功能归属给人工物 x,并且这和 x 的使用计划 p 及说明书 T 都相关,当且仅当:

I. u 有着信念 B_{cap}:x 有性能 φ;

u 有着信念 B_{con}:部分由于 x 的性能 φ,p 导出了它的目标;

u 相信计划 p 的设计者 d 或证明者 j 有着 B_{cap} 和 B_{con};

C. u 能够基于 T 证明 B_{cap} 和 B_{con} 的正当性;

u 能够基于 T 证明 d/j 有着 B_{cap} 和 B_{con};而且

E. u 接受 T:d/j 有着 B_{cap} 和 B_{con}。

正如不同主体作用的描述,这些定义与意向功能理论、因果-作用功能理论和进化论的功能理论有一些共同的要素。因此,我们把我们的功能归属理论

称作 ICE 功能理论。①

我们的方案包括正当功能归属的两个定义。但它不会导致（域内）多元论。这两个定义明确区分了设计者及证明者的功能归属和被动使用者的功能归属，但它们对功能归属的解释是单一的。两者的区别体现在认识的细节上。尽管它们不应该被低估，但它们没有严格将我们的理论分为两部分。在 4.3 节我们讨论使用者、证明者和被动使用者的功能归属是如何满足 ICE 理论时，可以看到在一些情况下很难明确决定哪种定义最适合这种归属。此外，这两个定义可以融合成一个应用于设计者、证明者和被动使用者等的一般定义。例如，对设计者和证明者的正当功能归属的第一个定义中，如果解释 A 扩展到涵盖设计者 d 或证明者 j' 拥有相关信念 B_{cap} 和 B_{con} 的说明书，那么这个一般定义就可以由这第一个定义产生。由于这个一般定义没有表明我们理论中的进化的要素，归属功能的主体作用之间的区别也证明有助于我们的分析，我们倾向于在这一理论中采用两种定义（设计者/证明者和被动使用者）的形式。

4.3　功能归属的评估

为阐明我们的理论，我们将其应用于不同的功能归属。首先，我们评论一下主体在设计、证明正当性和使用的作用中所进行的功能归属。然后，我们基于人工物的理论的用处来评价 ICE 理论。在 4.4 节中，我们通过考虑设计者、证明者和使用者以外其他主体的功能归属，来讨论我们方案可能的局限。

4.3.1　设计者做出的功能归属

在我们对设计的描述中，我们区别了不同的类型：产品设计和只包含建构并传达新的使用计划的设计，并做了对比；区分了采用科技知识的专家级设计与基于常识和基本物理知识的设计；区分了业余设计和专业设计。参与这些类型设计的所有主体可以把与人工物的使用计划相关的功能归属给人工物。在我们对设计的重构中（表 2.2 步骤 D.7），这些主体有着得到物理支持的信念 B_{cap}：人工物 x_1，x_2，…有着理化性能 $\{\varphi_{1,1}, \varphi_{1,2}, \cdots\}$，$\{\varphi_{2,1}, \varphi_{2,2}, \cdots\}$ 等，他们有着效能信念 B_{con}：这些性能使得成功执行已开发的使用计划成为可能。

---

①　Vermaas 和 Houkes（2006a）提出了先前的一个方案，可视为意向功能理论、因果-作用功能理论和进化的功能理论改进要素的合取。目前的方案并不是被简单地视为那些功能理论要素的合取。例如，C 条件是析取，主体可以通过基于解释 A（因果-作用理论的一个要素）的说明，或者通过其他主体的证言 T（进化理论的一个要素）来证明他们信念的正当性。

在重构的层面上，设计的主体能够证明这些信念的正当性。因此他们按照我们对设计者和证明者的功能归属的定义能够把功能归属给人工物。这适用于所有类型的设计主体；他们之间的区别是他们可以用不同的解释来证明他们信念 B_{cap} 和 B_{con} 的正当性。在常识设计中，设计者结合他们在人工物方面的经验来归属功能，通常根据这些功能以一种通俗的方式来描述性能；设计专家结合他们的科技知识来归属功能，通常在和功能对应的性能上给出复杂的、物理化学上的描述。

例如，考虑一个业余设计者，他基于常识已为现有对象开发了新的使用计划。一个案例就是某人开发了用牛皮纸来去除衣服上的蜡；这里开发的使用计划有着去除衣服上的蜡的目标，它包含了如下的行动：把牛皮纸放在蜡上面，把一个热熨斗放在纸上一会儿，然后移走牛皮纸。建构这个计划的主体可以把吸收蜡的功能归属给牛皮纸。这个归属不仅仅重新构想了使用计划的目标：它暗示了使用计划有效是因为牛皮纸的吸附性，而不是蜡与牛皮纸之间有化学反应。要仔细琢磨才能搞清楚，它其实暗示了设计者相信牛皮纸有着吸收蜡（B_{cap}）的理化性能，并且该性能有助于达成衣服上没有蜡的目标（B_{con}）。此外，归属暗示着——我们在这里采取一个规范性立场——该主体有着支持这些信念的证据。该证据可包括直接经验，即熨烫后牛皮纸含有了蜡的污渍，而不是其他材质的污渍。前者支持了牛皮纸确实吸收了蜡的信念；而后者支持了替代的信念，即蜡和牛皮纸（的成分）之间的化学反应去除了蜡。因此，该功能归属满足了我们对设计者和证明者进行功能归属的定义：主体有着必备的正当信念 B_{cap} 和 B_{con}。

相比之下，考虑一下专业设计师，他们基于详细的科技知识已经为现有物体建构了新的使用计划。一个案例就是药理学家为阿司匹林建构了新的使用计划，它有着阻止心脏病患者血液凝块的目标。这些研究者能把和这个使用计划有关的将血小板中的环加氧酶乙酰化的功能归属给阿司匹林，因为他们相信阿司匹林有这个生物化学性能（B_{cap}）而且该性能有助于阻止血液凝块（B_{con}）。此外，这些研究者通过说明 A，能用阿司匹林新的使用计划来解释他们的有效性信念，该解释含有科学的和（生物）技术知识并解释了他们的信念 B_{cap} 和 B_{con}。因此，这个功能归属也满足了我们对设计者和证明者进行功能归属的定义。专业设计师基于专业知识为新生产的产品建构了新的使用计划，他们的功能归属以一种类似的方式满足了这个定义：在某个实例中，只用一个假设的、新开发的有着相同性能和类似使用计划的药物来替代上一个例子中的阿司匹林。

4.3.2　被动使用者和证明者做出的功能归属

ICE 功能理论以两种方式适应使用者的功能归属——通过设计者/证明者定义和被动使用者定义。使用者通过之前讨论过的传达链从设计者或证明者那了解到人工物的使用计划。通过这些传达链，使用者不仅获得了使用计划的信息，也获得了相信计划可行并且人工物有某种性能解释计划有效性的（说明书）证据。比如考虑一下录像机。使用者通常通过商店里的或和其他使用者的口头交流，或是说明书中的文本和图片来了解该电器的使用的计划。这种交流通常至少包括一些对录像机性能的通俗描述，该性能解释了录像和播放电视节目的使用的计划的有效性；尤其在这种情况下，录像机有着在录像带上存储电视信号和并将录像带上录好的影像转换回电视信号的电磁和机械性能。基于这些交流，使用者可以将这些性能或其更通俗的描述作为功能归属给录像机。

这些功能归属通过以下方式满足了我们的定义。

当使用者拿到录像机却没有任何使用经验的时候，他的功能归属暗示了他基于设计者——生产录像机公司的产品设计者，或是证明者——店员或有其他经验丰富的使用者的说明，相信录像机能够存储电视信号并能将录像带上已经录好的影像转换成信号（B_{cap}），他也相信这些性能有助于电视节目的录像和播放（B_{con}）。此外，使用者应该能够证明他信念的正当性，即认为这些产品的设计者或证明者自己相信 B_{cap} 和 B_{con}，使用者是基于他对设计者和证明者的了解做到这一点的。比如他知道生产录像机的公司总是生产好的产品，这暗示了开发使用计划和录像机的设计者是知识渊博的人；出售录像机的商店信誉可靠；或者其他解释录像机操作方法的使用者有着实践经验。如果缺乏经验的使用者有这种正当信念 B_{cap} 和 B_{con}，他对录像机的功能归属就满足了被动使用者的定义。

现在假设由于使用者成功执行了人工物的使用的计划，或是由于使用的计划的传达也包括了使用者培训，她获得了更多人工物的经验。然后使用者可依据其他方面而非说明书来证明功能归属所需的信念的正当性。当经验丰富的录像机使用者和受过培训的钻井平台操作工将常规功能归属给这些人工物时，他们有着必要的信念 B_{cap} 和 B_{con}，并能分别基于他们的经验和培训来证明这些信念的正当性。在我们的术语中，这种主体不再是仅仅依靠说明书的被动使用者，而是使用的计划的证明者。这些使用者凭借解释 A 来证明 B_{cap} 和 B_{con} 的正当性，该解释可以只包含经验，正如使用者将功能归属给像录像机这样的家用电器这种典型的例子。然而它也可以包含专家知识，正如钻井平台这样更加专业化设备的使用者将功能归属给这些人工物。

在现实生活中，或许不可能区分把功能归属给人工物的这两种方法，更不用说它的必要性了。其实在缺乏经验的使用者、经验不足的使用者和经验丰富的使用者之间没有明显的区别。前者依靠设计者和证明者所作的说明；经验不足的使用者将功能归属基于说明书，以及他们证明 B_{cap} 和 B_{con} 的单独的正当理由；而后者可以将人工物的使用计划传达给其他人，并基于经验给出他们相信 B_{cap} 和 B_{con} 的说明。尽管如此，还是有理由去区分经验丰富的使用者和专业的设计专家之间的功能归属。例如，当经验丰富的使用者不得不讲清楚人工物是怎样工作的，她仍然可以求助于人工物产品设计者的说明书，或许通过店员和专业教练这样的证明者。证明使用计划有效性的纯经验上的证据和物理化学上的详细解释，或许会使其望而却步。

4.3.3　人工物的用处

在表 1.1 中，我们为人工物的理论构想了人工物的四种用处。我们现在会表明，我们对使用和设计的使用-计划主张同我们的功能归属 ICE 理论一起满足说明这些用处的需要。对于适当的—偶然的用处、得到支持的用处和创新的用处，我们的论证相当简洁；对于功能偶发性失常的用处，完整的论证则需要相当的篇幅。

基于我们的使用-计划方法，我们已经能区分恰当使用和不当使用（见 2.7 节）。恰当使用是在某一团体内部公认的使用计划的执行；不当使用则是社会上不被赞同的使用计划的执行。更具体地说，在团体中被视为专业的设计者通常开发被社会认可的使用计划。社会上认可计划可以有其他机制；毕竟出自其余的常识设计的那些计划也经常被社会认可。尽管如此，因为在被动使用者和专业设计师之间仍存在区别，而且存在某些计划优于它者而被社会认可的机制，所以可以在恰当的和不当的使用计划之间进行区别。这种区别可以结合 ICE 理论，将适当功能归属定义为与恰当的使用计划相关的设计者、证明者和被动使用者的功能归属；并将不适当的功能归属定义为与不适当的使用计划相关的功能归属。根据这个定义，适当的功能归属是持久的，因为对基本使用计划的接受在社会上是稳定不变的；相反，不适当的功能归属是短暂的，假如基本使用计划缺乏稳定性，在社会上就不牢固。用这种方法，我们的人工物哲学适合说明有着适当的—偶然的用处的人工物。它和一些现有的功能理论在方法上略有不同：我们基于计划和主体的作用来区分适当的和不适当的功能归属，而不是区分归属适当的和不适当的功能。

我们对人工物的描述也满足了说明创新的用处的需要。归属 ICE 功能所需的历史视角可能受限于设计过程；它不需要延伸到前几代人工物。因此，设计者为人工物所选择的性能可直接归属给它，即使人工物是完全新颖的（第一座核电站的案例）或是选择它用于发挥以前从未有过的性能（选择阿司匹林用于阻止血液凝块的案例）。

此外，我们的理论满足了说明得到支持的用处的需要。这里有一部分是由建构完成的，因为我们要求归属给人工物的功能是理化性能。尽管如此，功能归属这两个定义中的 C 条件确保了归属主体有理由相信人工物具有这些理化性能。相关证据可以是有关人工物具有某种性能的经验、其他主体的说明书或是科技知识；在所有这些情况中，证据通过支持这样的信念，即人工物具有对应的理化性能并且这种性能部分地解释了使用计划的有效性，来支持功能归属。尽管如此，功能归属的科学基础、说明书，甚至个人经验都不能排除人工物缺乏这种性能的可能性，这与合理期望是相反的。

最后这个观察结果表明 ICE 理论是如何能满足说明功能偶发性失常的用处的需要的：通过那两个定义，当人工物事实上缺乏被归属的理化性能时，功能可以归属给人工物。在那些情况下，人工物可以说成是功能偶发性失常的。然而这里有一个陷阱，它表明我们只在特定意义上满足了说明功能偶发性失常的用处的需要。在我们的理论中，当主体相信所考虑的人工物缺乏相应的理化性能时，他们是不能将一项功能归属给人工物的。但根据我们两个定义中的 I 条件，归属主体应该具有信念 B_{cap}，即人工物有着和归属的功能对应的性能。因此，只要主体合理地相信人工物有这种性能，他只能将 ICE 功能归属给缺乏相应性能的人工物。因此，达到某一工作时间的人工物可以被归属它的常规功能，即使它在那个时间点后损坏——只要归属主体没有意识到它现有的状态。类似地，基于某种说明，人工物（比方说某种新产品的原型）被有理由地认为具有一种性能，但该性能还没有被测试，该人工物可以被归属这个性能作为其功能，尽管在事实上它还不拥有。但是一旦主体基于不成功的使用或测试去相信人工物缺乏性能，该性能似乎就再也不能被归属为 ICE 功能。

这种"已知损坏的人工物"明显为 ICE 功能提供了反例；我们的理论不能将适当的功能归属给这种功能偶发性失常的用处。在第 5 章我们认为 ICE 理论广义上满足了说明功能偶发性失常的用处的需要，即它和目前"未知损坏"的案例相比，能够解释功能偶发性失常的人工物的更多功能归属。

4.4　功能的作用

我们的功能归属理论目前是围绕主体在人工物方面所起到的三个作用——

设计者、证明者和使用者的作用展开的。这个剧中的人物是不完整的。尤其是主体在用功能术语描述人工物时可以起着其他作用。第一个作用是观察人工物。主体可以考虑人工物的使用，而不成为相关使用的计划的传达链的一部分。考古学家就是观察主体的典型例子。第二个作用是对人工物进行结构分析。主体可以分析人工物的物理构造，尤其是它们的部件，而不用去考虑这些部件的使用计划。事故的调查者可以起到这个作用。本章的最后一节，我们考虑这些主体给出的功能描述。我们认为观察者给出的人工物的功能描述适合我们的功能归属理论。我们表明结构分析者是如何按照我们的理论可以有理由地将功能归属给人工物的，尽管和第一印象相反。然而，对第二种情况的讨论也表明，结构分析者的一些功能描述不是像 ICE 理论中定义的功能归属。这促使引入了人工物的功能描述的第二种类型，我们称之为功能作用的归属。

4.4.1 观察者做出的功能归属

主体可以考虑人工物的使用，而不用成为这些人工物使用的计划的传达链的一部分。他们因此不能起到设计者、证明者或（被动）使用者的作用。立刻想到的例子就是考古学家、历史学家和人类学家。但可能还有其他不为人知晓的例子。例如，工程师有时会参与所谓的"逆向工程"，意味着他们会分析由其他工程师设计，通常是公司竞争对手的人工物。该分析的目标是查明"工程师对手"是如何从部件的角度来设法建构人工物的。在逆向工程中，工程师本身是人工物的传达链的一部分——她知道竞争对手所设计手机的使用计划和与该计划相关的被归属的功能——而不是人工物部件的使用计划的一部分，其中她试图查明它们是如何应用于人工物的。

在所有这些情况中，我们称为观察者的主体能将功能归属给人工物及其部件。人们可能有种印象，会觉得这种功能归属不适合我们的定义，因为生产它们并不与使用的计划相关；毕竟，正是根据主体作用的定义，该主体不知道人工物或是其部件的使用计划。

这种印象是错误的：观察者的功能归属不适合我们的方案，尽管采用一种稍微迂回的方式。当观察者将功能归属给人工物时，他们想要归属那些也被人工物的原设计者和使用者归属过的功能。在我们的使用-计划分析中，这意味着观察者不得不复原人工物的使用的计划，因为该计划由设计者开发，由使用（过）人工物的主体执行。因此，为了归属功能，观察者不得不克服他们不是人工物使用的计划传达链的一部分这一困难。

对此有许多种办法。一些人工物带有怎样使用它们的意向和非意向标志。

设计者可以给人工物增加诸如手柄和开关这样的视觉线索，以传达人工物的（部分）使用计划。人工物上的磨损痕迹也提供了它们使用的计划的信息：观察者可以研究这些痕迹来了解人工物是怎样被使用的。功能已经确定的其他人工物的发现地及周围环境也提供了宝贵信息。考古学家和历史学家能够查阅文本或源自被观测人工物设计或使用时期的其他文献，来试图找到它们的使用信息并因此重构使用的计划；人类学家可以观察人工物是怎样被使用者使用并用于何种目的。参与逆向工程的工程师可获得关于开发了被分析的人工物的工程师所使用的部件信息，这是通过知晓他们遵循特定的设计原则，或他们总是用特定的方法使用特定的部件获得的。该信息的来源可以是共享的设计方法，也可以是关于其他公司的信息，涵盖范围上至他们编写的（维修）手册，下至他们持有的专利。[①] 最后，观察者能利用他们所考虑的人工物和有着熟悉的使用计划的人工物之间结构的相似性。看起来像剑或杯子的新发现可被认为是一种人工物，其使用计划类似于我们所知道的剑和杯子。带有塑料皮的铜线可能被参与手机逆向工程的人认为是用于导电的元件。这些观察者想成为人工物传达链的一部分的尝试可能成功或者失败，也可能导出详细的或粗略的结果。但在我们的重构中，观察者至少要先假设人工物的一个使用计划，再把功能归属给它，然后收集该假设的证据。他们的功能归属和该假定计划相关，并满足了我们对功能归属的两个定义。

这种观点可能被反驳，一些观察者对成为所观察的人工物使用计划传达链的一部分根本不感兴趣。例如，在逆向工程中，工程师可能满足于与重构竞争对手如何对他们的产品进行推理相比不那么雄心勃勃的目标。对竞争产品如何起作用的深入了解并知晓如何改善它们的一些想法，就足以用于商业的需要。我们并不否认这种实践的意义所在，但认为所参与的主体对人工物在结构上进行了分析，这种作用是目前我们关注的焦点。

4.4.2 结构分析者做出的功能描述

主体可以仅仅基于对人工物部件的物理化学结构的分析，来用功能术语描述它们；特别是他们可以不用考虑它们的使用的计划。尤其是工程师能用不同的方式起着结构分析者的作用。作为由他们及其同事所设计产品的专家，工程师可以明确地使用功能术语描述人工物的部件，比如描述成传输管道、引擎或

---

① 所有这些信息来源都没有设计文件或是工程师对手本身给出的信息有效。不过，我们的观点是观察者有办法克服他们认识论上的孤立状况，不用成为被证明者或设计者制定的使用计划传达链的一部分。这些需求并非是发现使用的计划的最优方式。

开关，他们这么做可以基于对这些物品的物理化学结构的分析。作为逆向工程师，他们可以分析竞争对手生产的手机，并将手机底部较重的电池描述为降低手机重心的元件。再举一个例子，作为人工物事故的调查者，工程师将短路的电力系统视为引爆装置。

至少有一些人工物的"理化功能的描述"适合我们的方案：这些功能描述中已经隐藏了对使用的计划的指涉，无论假设与否。这种隐藏机制将在 6.2 节中详述。我们先不考虑这个承诺的价值，承认不是所有人工物理化功能的描述都适合我们功能归属的两个定义。在一些情况下，假设人工物具有为 ICE 风格的功能归属所需而设计的用于传达的使用计划，这种假设就太牵强了。分析者的这种理化功能的描述最好应看成是"无计划的"。就这一点而言，它们不属于使用-计划方法和基于该方法的功能归属理论的范畴。

为了逐步理解这一点，考虑一下前面的三个例子。让我们从专业工程师开始，比如他用功能术语将管道这个人工物描述成传输液体的装置，但他是基于它的物理化学结构和在工业装置中所处的位置。尽管没有提到管道的使用的计划，该描述可以说满足了设计者和证明者的功能归属的定义。论据简述如下：管道本身具有使用的计划，不同于装置整体的使用的计划。例如，它可以是："将管道和水泵连接以获得具有把一个水库的水排到另一个水库的性能的人工物。"和该计划相关，工程师可有理由地将传输液体的功能归属给管道，这与设计者/证明者对功能归属的定义是一致的。在这个定义中，明确提到了管道的使用计划；因此，对该工程师的功能描述的重构尽管第一次出现，但它不是仅仅基于对管道和装置的结构分析。然而，能够表明这是可以不提及使用计划的；管道的使用计划在功能归属中仍然起着关键作用，但对它和其他相关的非物理化学概念的提及是放在了括号中的。这就解释了工程师的描述是如何只从物理化学概念的角度进行表达的，尽管他的功能归属和 ICE 理论是相容的。

这个论据完全取决于我们在 6.2 节得出的部件功能归属的一般结果。这个结果是：当设计者/证明者是专业工程师 e，他针对一个部件的使用计划"为了获得具有理化性能 Φ 的人工物而在配置 k 中构成 c，c'，c''…"，并将功能 φ 归属给部件 c 时，设计者和证明者的功能归属定义是能被简化的。这个简化的定义形式如下：

工程师做出的部件功能归属

（提及使用的计划时加括号的专业分析者）：

工程师 e 有理由将理化性能 φ 作为一项功能归属给部件 c，这与具有理化性能 Φ 的人工物 x 的配置 k 中 c，c'，c''…的成分相关，也与科技知识相关，当且仅当：

I.　　e 有着信念 B_{cap}：c 有性能 φ；

　　　　e 有着信念 "B_{con}"：部分由于 c 的性能 φ，x 有性能 Φ；而且

C.　　e 基于科技知识能证明 B_{cap} 和 "B_{con}" 的正当性。

这个结果表明在这个特定情况下直接提及使用的计划时能够加括号，使得仅用物理化学术语来描述定义。[①]

让我们看一下结构分析的第二个例子，即逆向工程中的功能描述。例如，逆向工程师可以将手机的电池描述为降低手机重心的元件。这种描述和 ICE 理论一致，能再次被视为功能归属，其中提及电池的使用计划时已加上了括号。它和第一个例子的不同之处是工程师对使用计划做了一个（有根据的）猜测。她不得不假设手机的设计者开发了和/或执行了电池的使用计划以促成其实现，比方说，使手机平稳置于使用者手中，而且她要假设该使用计划包括将电池安装在手机底部。和这个假设的使用的计划相关，逆向工程师可以将降低重心的功能归属给电池，然后通过上述的结果把这个计划置于括号中，只用物理化学的术语表述该功能归属。

在考虑最后一个例子时，该操作变得难以执行，或者甚至变成了偏执狂的症状。短路的电力系统就被描述成引爆装置。当然能想出一个电力系统的使用计划，凭借它旨在实现他引爆的目标，然后和这个假设的计划相关，将引爆的功能归属给该系统。但是，不同于电池的例子，对刻意的计划设计的这个假设一般是站不住脚的。如果所有事故都这样分析，许多系统就会被归属不同于其他设计和使用的功能作用。塔科马海峡大桥的悬索成了共振器，因此导致了桥的坍塌，尽管它们是被设计用于保护大桥的；导致协和式客机刚从法国戴高乐机场起飞就发生坠毁是由于破裂的轮胎碎片打坏了油箱造成燃油外泄，尽管它没有被设计成或用于那种性能。在结构分析中，或许没有对应于人工物的功能描述的使用计划。这种理化功能的描述不属于我们的使用-计划方法范畴，因此也不属于我们对功能归属定义的范畴。

为了解释这些异常描述，我们将它们视为 ICE 功能理论中功能描述的单独类型并称之为功能作用。

---

① 这个 "工程" 定义的第二个 I 条件中提到的作用信念不同于设计者-证明者定义中提到的作用信念：因为对使用的计划的参考在工程师归属功能的定义中加了括号，相关的作用信念并不是因为使用的计划 p 由于其部件 c 的性能导出了它的目标，而是人工物 x 由于部件 c 的性能具有了性能 Φ。我们通过把这种作用信念置于括号内成为 "B_{con}" 来解释这种差异。

分析者做出的功能作用归属

分析者 a 有理由将部件 c 描述成起着理化作用的 ψ 物品，这和有着理化性能 Ψ、由配置 k 中的 c，c′，c″…组成的物品 x 相关，也和科技知识相关，当且仅当：

I.　　a 有着信念 B_{cap}：c 有性能 ψ；

　　　a 有着信念 "B_{con}"：部分由于 c 的性能 ψ，x 有性能 Ψ；而且

C.　　a 基于科技知识能证明 B_{cap} 和 "B_{con}" 的正当性。

既然这些功能作用的归属没有和人工物的使用计划相关，它们在概念上就不同于功能归属。应该由功能作用的归属满足的条件却类似于应该由其部件的功能归属满足的条件。从这个意义上来看，分析者做出的功能作用归属可以被视为对工程师进行部件的工程功能归属的概括，这是在不给使用计划加括号而否认它们存在时所得出的。

功能作用的这个定义明显类似于卡明斯（Cummins，1975：762）对因果作用功能的定义（见 3.3 节）。主要不同点在于我们的定义强调功能作用是由主体归属的，这是基于正当的信念而不是正确的说明。

如果功能作用的这个定义附加于前两个定义中，那么 ICE 理论就成了混合理论。为了避免这些问题，我们不将功能归属的定义和功能作用的定义的发展置于同等地位上。我们将功能归属视为技术的核心，以便使对应的定义能够适应设计者、证明者和使用者的大部分功能描述，而且应该满足说明和应用于人工物哲学涉及的技术人工物的用处。功能作用的归属被视为技术中一种较弱、较宽泛类型的功能描述，去涵盖对功能描述的一种特定使用，但不必满足所有要求或用处。①

为了便于参考，我们在表 4.2 中列出了功能描述的三个 ICE 定义。

表 4.2　功能描述的三个 ICE 定义

设计者或证明者做出的功能归属	设计者 d 或证明者 j 有理由将理化性能 φ 作为一项功能归属给人工物 x，并且与 x 的使用的计划 p 和解释 A 都相关，当且仅当： I.　d/j 有着信念 B_{cap}：x 有性能 φ； 　　d/j 有着信念 B_{con}：部分由于 x 的性能 φ，p 导出了它的目标；而且 C.　d/j 能够基于 A 证明 B_{cap} 和 B_{con} 的正当性。

---

① 功能作用的归属满足了说明得到支持的用处和创新的用处的需要。功能有时失效的用处再一次在有限的意义上被满足，即主体不得不相信一个组成部分具有对应于被归属的功能作用的性能；因此，一旦主体相信组成部分不具有特定的性能，该性能就不再被归属为功能作用。最后，功能作用的归属均能被视为是偶然的，当补充适当的功能归属时，据说可以满足说明适当的—偶然的用处的需要。

被动使用者做出的功能归属	被动使用者 u 有理由将理化性能 φ 作为一项功能归属给人工物 x，并且这和 x 的使用的计划 p 和说明书 T 都相关，当且仅当：
	
	I. u 有着信念 B_{cap}：x 有性能 φ；
	      u 有着信念 B_{con}：部分由于 x 的性能 φ，p 导出了它的目标；
	      u 相信计划 p 的设计者 d 或证明者 j 有着 B_{cap} 和 B_{con}；
	
	C. u 能够基于 T 证明 B_{cap} 和 B_{con} 的正当性；
	      u 能够基于 T 证明 d/j 有着 B_{cap} 和 B_{con}；而且
	
	E. u 接受 T：d/j 有着 B_{cap} 和 B_{con}。

分析者做出的功能作用归属	分析者 a 有理由将部件 c 描述成起着理化作用的 ψ 物品，这和有着理化性能 Ψ、由配置 k 中的 c，c′，c″…组成的物品 x 相关，也和科技知识相关，当且仅当： I. a 有着信念 B_{cap}：c 有性能 ψ； a 有着信念 "B_{con}"：部分由于 c 的性能 ψ，x 有性能 Ψ；而且 C. a 基于科技知识能证明 B_{cap} 和 "B_{con}" 的正当性。

第5章　功能偶发性失常

在 4.3 节，我们表明了 ICE 理论满足了说明人工物用处的需要。但是我们承认它在一个正式、有限意义上满足了说明功能偶发性失常的用处的需要。在本章中，我们将超越自己的概念架构方法的要求。我们检验 ICE 理论和使用-计划方法在多大程度上去解释产生我们所说的人工物用处的现象。这项调查研究围绕功能偶发性失常展开，但结果扩展到了其他现象，尤其是使用的多样性。

从人工物用处到现象达到了双重目的。首先，它为我们的理论增添了现象学上的吸引力。我们在本章中表明 ICE 理论能解释功能偶发性失常的许多不同方面。我们不给出有关功能偶发性失常的全面描述。但是我们的调查会弄清楚这种描述肯定有多么的复杂，哪些要素——社会的、认识的、实践的和基于行动理论的要素——构成了它。其次，我们因此表明现象学的许多研究事实上是由使用和设计理论完成的，而不是功能理论。

我们在本章中首先呈现人工物的功能失常的一些核心种类，并因此决定我们面对的现象学研究。然后在 5.2 节中我们首先认为，如果区分了人工物实现一项性能的信念和人工物具有那项性能的信念，ICE 理论就更广泛地解释了功能偶发性失常。其次，我们在 5.3 节中通过思考有关功能偶发性失常的论断和有关人工物的一般论断的规范内容，对我们的分析进行扩展。我们揭示了两种规范内容：一种和实际因素有关，它存在于所有的功能归属中；另一种和使用的计划的特权以及专业设计师作用有关，它存在于恰当使用的论断和功能偶发性失常的一些论断中。尤其是第二种，让我们跨越人工物理论，直达它的社会和基于行动理论的背景。

5.1　人工物的功能偶发性失常现象

在第 4 章中，我们展现了我们的 ICE 理论，并且评估了它是否满足说明我们为人工物的理论所设定的人工物的四种用处。这些结果对于适当的-偶然的用处、得到支持的用处和创新的用处是正面的，但对功能偶发性失常的用处是好坏参半的。ICE 理论正式地满足了说明功能偶发性失常的用处的需要：我们对一些案例进行了概述，其中不同主体——设计者、证明者和被动使用者——

可以有理由将功能归属给不运行的人工物。这些情况的共同之处是限制性条款：所涉及的主体在归属功能 φ 时应该相信相关人工物有着性能 φ。如果主体没有这种信念，两个核心的 ICE 定义的 I 条件就没有被履行，人工物的功能归属就不会被 ICE 理论支持。这个限制性条款适用于功能偶发性失常的一些情况，例如，新设计的飞机原型在初次测试中起飞失败；或在昨天能正常工作的电视机今天开机时不能播放节目。可以说这种限制性条款似乎不适用于其他功能偶发性失常的情况。假设一架飞机在飞行一年后不能再飞了，被拖回到了制造商那里进行检测。直观上看，该飞机的功能是偶发性失常的，因为它的使用者和设计者将归属给它在空中运输乘客的功能。在 ICE 理论中，该功能归属似乎是不正当的，因为使用者和设计者知道该飞机不能飞了。类似地，坏掉的电视机通常还是被归属了播放节目的功能，主体知道它再也不能实现这项功能了。但是在 ICE 理论中，这种知识禁止主体继续归属这项功能，因为这意味着电视机的主人，严格来讲，是不能给商场打电话投诉电视机的功能偶发性失常了。

因此，在严格意义上，ICE 理论满足了说明所有的人工物用处的需要，但它在直观上有不足之处：它没有解释有人认为关于功能偶发性失常的论断是有规则的情况。直观上看，功能偶发性失常的用处只是在特定意义上被满足了。如果认真对待这些局限并采取我们的评估，即现有的技术功能理论不满足说明所有四用处的需要（第 3 章），人们或许要像普雷斯顿（Preston，2003）提出的那样，总结出我们所说的人工物四种用处是互不相容的。

在本章中，我们认为 ICE 理论比 4.3 节中所讨论的情况能更广泛地描述功能偶发性失常，因此消除了 ICE 理论的局限或缺点，以及我们所说的四种用处互不相容性这些方面的顾虑。在本节中，我们首先呈现一些人工物的功能偶发性失常的核心种类，这是为了更准确地确定我们面对的现象学研究。然后，我们评价 ICE 理论在多大程度上能够处理这些种类的情况，挑选出剩余的存在问题。我们在本章其余部分关注这些问题并阐述两条论据，以改进我们方法中的现象学优点。第一条论据是在 5.2 节中阐述的，它直接增加了 ICE 理论所解释的功能偶发性失常种类的数量。该论据是基于人工物实现一项性能的信念和人工物具有那项性能的信念之间的差别，最终求助人工物的修理和维护的概念。5.3 节中的第二个论据关注功能偶发性失常的论断的规范性，也许有人在 5.2 节的讨论后仍发现该特征有不足之处。这个论证在有关功能偶发性失常人工物的论断产生背景下，揭示了一个由社会的、社会认识的和有用的建议与要求构成的复杂网络。

这些论证超越了我们概念架构方法的要求,该方法表明 ICE 理论满足了说明人工物四种用处的需要。它们反而检查这个有着潜在使用-计划方法的理论在多大程度上能解释产生我们所说的人工物用处的现象——不仅是功能偶发性失常的现象,也包括像第 1 章描述的使用多样性的现象。此外,这些论证表明许多现象学研究事实上不是由 ICE 功能理论完成的,而是由它基本的使用-计划方法完成的。

5.1.1　人工物的功能偶发性失常的一些种类

在查明 ICE 功能理论多大程度上解释了功能偶发性失常现象之前,我们需要确定要解释什么。人工物的功能偶发性失常的一些核心种类可从至少三种标准来区分。[①]

第一,可以区分功能偶发性失常的程度,涵盖的范围从轻微失常导致没有达到最佳性能、大小缺陷,一直到彻底不能实现其功能。举几个简单例子:电灯泡或许没发出所期望强度的光,或者它消耗的电能比宣传的要多;它或许偶尔或时常闪烁;灯泡或许不能发光。在日常用语中使用不同的概念去描述这些情况。我们将它们全部归在"功能偶发性失常"这一标题下。就关注人工物的功能(而不是其安全性之类的)而言,我们使我们的人工物的理论能解释所有这样的情况。

第二,关于功能偶发性失常的陈述可以涉及人工物的型号或全部类型。型号功能偶发性失常是典型的,但一些关于功能偶发性失常的论断可涉及多种类型。例如,可将一种型号的所有电灯泡描述成功能偶发性失常的,因为它们耗能超标,或者因为使用期限没达到广告说明中的时长。在下面的分析中,我们专注于型号功能偶发性失常,大多数例子——在本章中和日常生活中——都是这种类型的。但是对一类功能偶发性失常保持沉默的人工物的理论,在现象学上就不完整。

第三,可以针对陈述功能偶发性失常的情境进行区分。这些情境可以从声称功能失常的主体所起的作用、功能偶发性失常事件和功能偶发性失常的论断之间的暂时关系进行区分。我们称第一种情境为"行动中的评价"。这些情境中,功能偶发性失常的论断是由实践活动中涉及人工物的主体做出的,即人工物的设计者或使用者(被动使用者或证明者)。我们已经见过 4.3 节中行动中的评价的一个子类型,即设计中的评价。例如,一个产品样品在测试中被发现

---

① 区分功能偶发性失常的论断的前两个方法也由弗朗森(Franssen,2006)提出。

功能不正常，即使设计者有理由假定它将会按计划发挥功能。另一种子类型，使用中的评价，或许更为常见。它主要出现于哲学中对人工物的功能偶发性失常最显著的描述之一，即海德格尔对损坏了的设备的分析。[①] 当使用锤子时，木匠或许会发现锤头松了；在转动汽车点火开关时，司机或许会发现车不能启动。第二种情境叫做"外部评价"，它关注主体的功能偶发性失常论断，这些主体没有在实践中参与有关人工物的活动，但在观察这些活动（即主体扮演着4.4节中介绍的观察者的角色）。例如，观察传统治疗疾病方法的人类学家有足够的理由相信这些传统的方法对达到所谓的目的来说是无效的，他们可以将其怀疑设想成功能偶发性失常的论断。第三种也是最后一种情境，可叫做"事后比较评价"。在这些情境中，陈述功能偶发性失常的论断发生在实际事件之后。例如，一个司机不能启动她的汽车，打开了发动机盖等，然后决定打电话给她的汽车销售商，把她的汽车状况描述为偶发性功能失常。

5.1.2　成功

我们之前对 ICE 理论的评估，能映射到上面所列出的类型范围内，并将第三种，即情境的区分作为指导方针。

正如本章开始所说的那样，在主体可以将相关性能 φ 作为功能归属给不能工作的人工物的情况下，ICE 理论满足了说明功能偶发性失常的用处的需要。这意味着参与的主体在归属功能 φ 的时候，应该相信相关的人工物是具备性能 φ 的。因此，ICE 理论直接解释了功能偶发性失常的各种行动中的评价。这个成功扩展至多种人工物的类型和人工物的型号。先从后者开始，主体可以凭借先前成功的使用类型的型号（包括现在使用的型号）的经验来支持对人工物型号的性能信念。人们可以基于对某一品牌的面包机的经验，有理由将烤面包片的性能作为一项功能归属给烘烤特定面包的面包机。这种证据不适用于人工物的类型的功能偶发性失常，除了特定类型的所有人工物突然间都坏掉了的罕见情况。然而，主体可以基于科学的理论或说明书拥有关于人工物的类型的有根据的，但却是错误的性能信念。例如，考虑一下普雷斯顿（Preston，1998b：245-246）描述的电子灭蚊灯。这种类型的所有人工物都被归属了灭蚊的功能，而且这种功能归属是正当的，至少基于这些人工物的设计者和制造商的说明书。结果却是电子灭蚊灯实际上没有灭蚊的性能——因为使用这种人工物的效果研究表明——存在着灭蚊灯实际上吸引蚊子而没杀伤它们的

---

① Heidegger (1962：§16)。

证据。但只要归属功能的主体不知道这些事实，他们对功能偶发性失常的灭蚊灯（作为一种类型）的功能归属就是正当的。

这个例子也表明我们的 ICE 理论是怎样处理外部评价的。假设研究灭蚊灯的效果和性能的第一个人最近得出这种人工物无效的结论，但还没有将这个结论传达给其他人。如果该主体偶然发现有人在使用灭蚊灯，他可以从外部评价该人工物的性能。知识渊博的主体然后就担当观察者，尽管是不寻常的一类。在 4.4 节中描述的观察者不是使用计划传达链的一部分，因为设计者和/或证明者没有把关于使用的计划的信息传达给他们。外部评价者将他们自己置于传达链之外：他们不再接受使用的计划的有效性和人工物的性能信念。尽管如此，外部评价者可以观察到其他人将功能归属给人工物是基于错误的，但对于归属的主体却是正当的性能信念和作用信念。只要灭蚊灯的研究者没有把人工物无效告诉其他人，那么就没有太大意义去声称其他人可以不把灭蚊的功能归属给灭蚊灯。在威廉姆斯（Williams，1981）介绍的术语中，归属的主体拒绝他们性能信念和功能归属的是外部原因，而不是内部原因。如果不接受内部原因和外部原因之间的这个区别，外部评价就不能表述为功能偶发性失常的陈述：它们可以更好地表述为如下论断，即观察者和被观察的主体都不应该归属任何功能。如果内部原因和外部原因之间的区别可以接受，那么 ICE 功能理论就解释了外部评价。

这让我们回到事后比较评价。这些情况中，声称功能偶发性失常的主体似乎意识到他之前的性能信念是错误的。因此，我们不能求助内部原因和外部原因之间的区别来免除功能归属。相反，声称功能偶发性失常的主体似乎不应该归属功能。这对于一类功能偶发性失常是可以接受的：只要灭蚊灯的无效成为了常识，就没人有理由把灭蚊的功能归属给这些人工物。对于型号功能偶发性失常的一些情况有着同样的结论。设计行驶 20 年的汽车却在 5 年后坏掉了，可能它不应该再被归属运载人的功能。然而，对于型号功能偶发性失常的其他情况，这个结论反常理的。如果汽车仅在两年后就坏掉了，那么主张其使用者不应该将运载人的功能归属给汽车，似乎就是不可接受了，因为从严格意义上讲它的功能没有偶发性失常。

总而言之，ICE 功能理论能解释多种功能偶发性失常的论断，可能比在 4.3 节中评价所构建的还要多。不过，还留下一些论断有所期待，因为人工物的功能偶发性失常还有没被涵盖的种类，尤其是事后比较评价。我们在本章剩余部分的任务，是去表明 ICE 理论是否并且如何能够处理这些其余的情况。

5.2 具备性能与性能实施的对立

为了表明 ICE 理论会如何处理功能偶发性失常的人工物的事后评价，这方面论证首先要区分人工物已具备性能 φ 的信念（对功能归属必要的信念 B_{cap}）和人工物实施性能 φ 的信念。功能偶发性失常的事后比较评价似乎存在问题，这是因为如果有人知道人工物是功能偶发性失常，比如她观察到它不实施性能 φ，那么她似乎必须拒绝 B_{cap}，因而就拒绝功能归属。然而仔细看来，这种情境给挽救 ICE 理论留下了余地。按照刚才给定的推理，假设人工物没有实施性能 φ 的信念导致了人工物不具备性能 φ 的信念。如果能挑战这个推论，事后比较的功能偶发性失常可以由 ICE 理论解释：主体将功能 φ 归属给人工物，因为她相信人工物有着性能 φ，即使她相信人工物不能实施这种性能。①

在技术人工物领域，这个推论能够被限制。一些情形下有人可以相信人工物没有实施性能 φ，却（仍然）相信人工物具有性能 φ。例如，有必要技能的人恰当操作汽车时，它却没有开动。这种情况下，汽车或许没有丧失开动的性能；不论该例子是否依赖情境，例如，如果车被纵火烧毁，似乎有理由相信它确实没有开动的性能了。但如果车只是没油了或是启动机坏了，可以说它仍然有开动的性能：这可以通过重新加满油箱或更换启动装置之后再开车来证明。因此，一些情况下人们可以相信汽车没有实施一种性能，同时却又相信它仍然具有那种性能——两种信念之间并不是不一致的。

人工物具备性能却没有实施它们的情形，能用一般术语来分析。对此我们简要回顾 4.2 节中我们采用的有关性能的条件分析。根据这种分析，相关条件句中的前提在技术上时常没有充分体现。人们实际上关注与使用相关的前提条件，并包含了一组在非特定的正常条件下保留的"默认"前提。更为正式地表述，对应于人工物的功能的性能 φ 经常被分析成条件句 $N \wedge A_d \to (A \to C)$，其中 C 是结果，A 是（非默认）前提，$A_d$ 是默认前提，N 是其他正常条件。对于汽车而言，C 对应于运载人，A 对应于恰当地移动汽车的控制装置，A_d 包括油箱加油并使启动马达处于良好的技术状况。人工物可以被看做实施性能 φ，当且仅当 $N \wedge A_d \to (A \to C)$ 和 A_d 有效：在该情况下条件句 $A \to C$ 对于人工物是真实的。对于汽车来说，如果油箱填满并且启动马达正常运转（所有其他的正常条件也是真实的），那么在恰当地移动汽车控制装置时，汽车将运载人。将

---

① 这个论据发展了 Vermaas（2009b：§6）给出的推理思路。

人工物视为具备性能 φ 是诱人的，当且仅当 $N \wedge A_d \rightarrow (A \rightarrow C)$ 有效：它为论证所有人工物具备该功能敞开了大门，但这可能是太随便了。油箱空了的汽车就是条件句所适用的人工物，当油箱被重新填满，满足 A_d 时就会证明这一点。但是该条件句也适用于严重损坏的车，倘若它被完全修复成原状（如通过挥舞魔杖说"恢复如初"①）也会证明这一点，这正是 A_d 所具有的。更糟糕的是，该条件句可以适用于任何对象，通过将其恢复成 A_d 有效的状态时（如将它转变成一辆车②）便会被证明。因此，为了给具有性能 φ 的人工物想出一个合理的定义，我们需要一个标准来限制条件句的应用。技术提供了这样的标准，它将我们带回到人工物的基于行动理论的背景。

在 2.4 节中对设计的描述中，我们说过设计可以产生如何维护和修理人工物的信息。这个信息可以传达给预期使用者——想一想手册上的信息，包括如何解决人工物问题的列表——并传达给帮助使用者维护和修理人工物的技术专家。但这些信息，对人工物状态的转变而言，限定在被认为是技术上可能、经济上合理的范围内。油箱空了的汽车能被使用者填满汽油，启动马达被损坏的汽车能被专业的维修工修理。对比之下，被火严重烧毁的汽车被认为是"全部损失"，这意味着存在一些技术或经济上的原因，使得人们不能相信它们可以被修复回原状。立足于这个基于行动理论的背景，我们能提出如下定义：人工物有性能 φ 当且仅当 $N \wedge A_d \rightarrow (A \rightarrow C)$ 和 A_d 有效或者 $N \wedge A_d \rightarrow (A \rightarrow C)$ 有效，并且人工物的状态能被技术上和经济上可接受的维护或修理转变成 A_d 有效的状态。

通过梳理人工物能具有某种性能并能实施它的信念，我们能区分三种情况：

（1）主体合理相信人工物具备性能 φ 并合理相信它能实施该性能；

（2）主体合理相信人工物具备性能 φ 并合理相信它不能实施该性能；

（3）主体合理相信人工物不具备性能 φ。

（这些情况穷尽了各种可能性；它遵循了这些定义，即主体如果合理相信人工物不具备性能 φ，主体就会合理相信人工物不实施性能 φ。）

第二种情况对应于对功能偶发性失常的人工物的一些事后比较评价。这表明 ICE 理论成功延伸到了这些情形：主体可以将性能 φ 作为一项功能归属给人工物，因为她合理相信人工物具备性能 φ（即主体有必备的性能信念），尽管她

---

① http：//en. wikipedia. org/wiki/Spells _ in _ Harry _ Potter。

② 这种转变将涉及魔法，即使哈利·波特（至今）也不能使用。

合理相信它不实施该性能（例如，因为她目睹了功能偶发性失常的先例）。

这里依次有三种评论。

第一，引入"具备"与"实施"之间的区别似乎有些过火，因为它允许了太多功能失常的情况。在人工物已具备性能但不实施其性能的情况中，它们不是每个都在直观上表明功能失常的论断是恰当的。再考虑一下偶发性汽车的例子。如果启动马达已经坏掉，这辆汽车能被视为功能偶发性失常：它的行车条件能被修复，但一般的使用者是不能修理的。相比之下，耗尽油的车一般不被描述为功能偶发性失常。恢复该车的行车条件涉及重新填满油箱，这对于使用者来说可以描述为汽车维护的一个最基本的方面。更进一步说，停在车库里的车不实施运载人的性能，但它完全是可以起作用的；"修复"这辆车的行车条件仅仅涉及启动它。这个行动是使用汽车的一部分，直观上甚至没有被描述为最基本类型的维护。这表明以上分析的展开能够凭借使用、维护与修理之间的区别；还有传达给使用者进行维护和修理操作与没有传达情况之间的区别。然后，事后比较评价可以通过归属功能主体的三个合理信念来描述，即人工物具备对应于其功能的性能 φ；它不实施该性能；她不能通过包含在使用的计划或所传达的维护和修理操作中的行动，将人工物的状态转变成它再次实施性能 φ 的状态。

第二，功能偶发性失常成为依赖情境的现象，因为它与对人工物状态转变在技术和经济上可行性的判断有关。然而，维护和修理在技术上的可能性可以随着时间和技术的一般状态而改变，而且它们可以依靠当地的资源。在我们的分析中，功能偶发性失常的论断将同样是动态的。烧毁的汽车未来或许容易修理，因此被判定为功能失常而不是全部损失。启动马达坏掉的车在一个地方由于没有多余零件可能不能修理；它应该被描述为丧失了其功能而不是功能失常。此外，被火烧坏的汽车如果被认为有很高的金融、文化或情感价值，从经济的角度可以认为它是能够修理的。如果零件或劳动力价格大幅度增长，更换启动马达或许经济上不可行。[①] 我们认为这种对情境的依赖是可以接受的：它并不是在永恒状态下产生功能偶发性失常的论断的现象学的一部分。

第三，我们的分析已关注有着维护和修理信息的人工物。不是所有人工物都有这种信息的——考虑一下铅笔、网球和茶叶包。排除这种人工物的事后比较评价就显得奇怪。我们的分析或许适应它们，因为简单人工物的修理通常是

---

① 例如，在荷兰，很小的车载电灯能够使骑自行车的人在夜晚可以被看见。这些灯不亮时可以更换电池。但是，当灯不亮时，换新的灯比买新的电池要便宜，这导致光线减弱的车灯不会立即被维护或修理。

常识（考虑一下重新削尖坏了的铅笔），而且/或者经济上没有吸引力（考虑一下重新填满并包装已破裂的茶叶包）。在这两个情况中，没有必要去传达修理的信息，但可以运用前述的"具备"与"实施"之间的区别。

我们在本节的分析已表明 ICE 理论能够处理对功能偶发性失常的人工物的事后比较分析评价。因此，与 4.3 节相比，它满足了更为广泛的功能偶发性失常论断。

其他功能理论中的功能失常：再谈卡明斯

我们最后来关注其他功能理论而非我们的理论。尽管和使用-计划方法存在着联系，我们推理的第一条思路也为其他功能理论去解释功能偶发性失常提供了方法。作为一个例子，我们简要考虑一下卡明斯（Cummins，1975）的因果-作用理论。正如 3.3 节中提到的，卡明斯的理论因不能解释功能失常的论断而被认为声名不佳。在卡明斯的定义中，仅当物品"x 在 s 中有性能 φ 的体现"，该物品"x 在 s 中起着 φ 的作用（或 x 在 s 中的功能是 φ）"（见第 51 页）。观察到 x 在 s 中实际上并未体现 φ，通常被视为最后一个条件无效的证据。用 x 具有性能和 x 实施性能之间的区别，现在就可以挑战这个最后的结论。观察到物品 x 在 s 中实际上并未体现 φ，可以被视为目前情况下 x 在 s 中没实施性能 φ 的证据。然而，这并没有排除其他情况下"x 在 s 中体现性能 φ"，此时最后的这个短语被阐释成 x 在 s 中具备性能 φ。在这个阐释中，卡明斯的理论没有解释功能偶发性失常。如果想要拒绝将此阐释看成是对卡明斯理论的恰当阐释，这里基础性的推理仍然使我们构想一个能解释功能失常并和卡明斯的理论类似的功能理论。这里我们给出这种理论，但没有分析这种修正的因果-作用理论的利弊：

修正的因果-作用功能理论：

x 在 s 中起着 φ 的作用（或 x 在 s 中的功能是 φ），它与对 s 的性能 Φ 的分析性解释 A 相关，条件是 s 中的 x 有性能 φ 并且 A 恰当充分地解释 s 的性能 Φ，这里有一部分求助 s 中 x 的性能 φ。

5.3　人工物的规范性

以这种"具备"与"实施"之间的区别，ICE 理论解释了可以产生功能偶发性失常的论断的所有情形，包括行动中的评价外部评价和事后比较评价。然而它仍然没有解释每种功能偶发性失常的论断。一些情形下人工物严重损坏以至于修理它们在技术上或经济上不可行。在那些情况下，允许人们保留他们的性能信念并将原始功能归属给人工物的"恢复性能"条件没有得到满足。因此，一台烧毁的电视机可以不再被归属播放节目的功能，一架坠毁的飞机不再具有空中运载乘客的功能；因为它们可以不被归属这些功能，关于这些人工物的事后比较评价的论断被排除了。我们接受这种现有直觉中的微小损失。毕竟存在一个分界点，在这一点上电视机不再具有原有功能，成为之前的电视机。不能修理就可以视为这个分界点。

这不是 ICE 理论仅存的问题。我们在 5.2 节中谈到，万一修理人工物在经济上不可行，也必须拒绝性能信念。因此，"全部损失"的汽车和坠毁的飞机情形是一样的：它们的使用者应该停止将运载人的功能归属给它们。这似乎有些严厉，这只是因为我们不太费力就将一辆全部损毁的汽车作为一辆汽车来描述。类似地，电子灭蚊灯仍然叫做灭蚊灯，尽管修复其消灭蚊子的性能至少是不切实际的——起初它们就并不具有该性能。

我们准备好要勇敢地去面对。任何分析都一定会破坏对临界个案的一些直觉。工作条件不能被修复的人工物，如全部损毁的汽车和灭蚊灯，关于它们的事后比较评价就是我们的临界个案。尽管如此，我们可以检验一下为什么对这些临界个案的功能偶发性失常的论断似乎是恰当的，该论断是否可以仍然用这种方法重新构想。

这种考察也是出于另一个原因。或许有人认为我们用 ICE 理论说明功能偶发性失常的整个主张走错了路，因为它没有表明或者没有充分表明功能失常为什么是一种规范的现象。直观上看，当有人声称电视机的功能偶发性失常时，她会很有感染力地讲"我的电视机不播放节目了。它本来应该是能播放的。因此，它是一台糟糕的电视机"。之类的话。在我们的分析中，这些陈述表达了电视机有性能播放节目的信念，但目前却不能实施该性能——这似乎是纯粹描述性的。这个关于电视机的"应该"的陈述至多能够表达它之前可以实施该性能的信念——其次是描述性的——或者，可能表达了要修理和维护的诉求。这就援用了技术和经济可行性的标准，但这些或许只反映了技术的目前状态或资源的可用性，明显使得这种功能偶发性失常的论断就像我们还不能产生室温下工作的超导体这种论断一样缺少规范性。

这种对缺少规范性的异议，其理由根基并不明显。首先，不是每个含有"应该"的陈述都是规范性的。一些陈述，如"荷兰的秋天应该是多雨的"，只是表达了理性的期望。其他陈述，如"圣诞节应该下雪"，则是表达了希望：在荷兰，圣诞节下雪的机会就很少。然而，其他含有"应该"的陈述明确表达了规范性。"你应该尽可能帮助别人"包含了建议，也可能包含了轻微的指责。"你应该照顾你的孩子"则包含了义务。① 即便假设功能偶发性失常的论断能够局部拆成"应该"的陈述，仍不清楚它们是否包含规范种类的"应该"的陈述。这同样适用于"我的电视机不播放节目了。它本来应该是能播放的。因此，它是一台糟糕的电视机"这个陈述中具有的评价性的第二部分。一些作者不接受将人工物看成是真正规范的这种评价性陈述，因为它们不涉及意向行动。② 尽管如此，人工物的功能偶发性失常经常被视为一种规范性的现象，正如适当功能的论断偶尔被视为包含了规范性。③ 然而，这些解释经常有争议。④ 因此，在人工物的功能偶发性失常和规范性的关系上没有达成广泛的一致，文献中也很少分析这种关系。

在这里，我们或许回到我们的概念架构的方法。我们提到的技术人工物的功能偶发性失常的用处没有提及规范性，因此由 ICE 理论来满足，或许与它的背景相结合。由于功能失常和规范性之间的关系，以及功能偶发性失常的现象和技术功能理论之间的关系尚不清楚，没有理由去强加一些在这方面比我们所说的人工物的用处更为严格的要求。一些作者对功能偶发性失常的论断的规范性，或是对所有与人工物有关且含有"应该"的陈述的怀疑，为反对超越我们的最初要求又提供了一项论据。这将意味着对该理论的评估是完整的，ICE 理论在解释大多数类型的功能偶发性失常的论断时是完全成功的。

这种拒绝依赖于人工物的理论的一些现象学负担的方式，看起来似乎不可接受，就像我们之前接受 ICE 理论保留的局限性一样。为了满足那些读者，我们现在就表明我们的人工物理论，就是使用-计划的方法和 ICE 功能理论的结合，是如何解释关于人工物陈述的规范性的。严格来讲，该证明是额外的工作；基于先前的评估而相信我们理论优点的那些人，可以略过本节后面的

---

① 瓦森（Vvaesen，2006）针对技术中不同类型的"应该"的陈述的作用进行了更为详细的说明。

② 包括卡斯塔涅达（Castañeda，1970）在内的许多学者对道义性的"应该"的陈述和评价性的"应该"的陈述进行了区分，前者仅应用于意向行动，后者或许也可以应用于人工物。许多人不是那么明显地认同道义性的陈述是真正规范的这个观点。对这种观点默许的一个例子是："转动车钥匙时应该产生火花，我们或许说电路接通了。但这个'应该'不是指责任和价值，而是指你的期望。如果没有火花，那么某处就出现了问题，但这也是仅仅意味着所期望功能或预期功能的丧失。点火产生了电流，这就是它的用途。"（Blackburn，1998：56）

③ 例如，"主要的规范性区别是介于适当功能和功能偶发性失常（功能紊乱）之间的。"（Neander，1995：111）"系统功能和适当功能之间主要的不同点，因而就在于后者是规范的而前者却不是。此外，规范性定义了适当功能，但它不能还原成统计规律性。"（Preston，1998b：224）

④ 例如，米利肯承认功能偶发性失常的论断和适当功能的论断可以包含规范性，但种类极少："规范术语不总是评价性的，但能表明任何一种限制实际上都可能被违背。"（Millikan，1999：192）

部分。

为了查明关于人工物的陈述有哪些或许是规范的，采用的是什么方法，我们首先需要有关规范性的一般特征描述。我们选择乔纳森·丹西（Dancy，2006）给出的几种显式描述中的一种。在丹西做出的描述中，一个规范性的事实，即一个规范性的陈述的内容，是二阶的事实，即关于世界的一个特定事实或一组事实是与特定的人或任何人的信念、渴望或行动相关的。[①]

基于这个特征描述和我们对使用和设计的基于行动-理论分析，关于人工物的不同陈述，尤其是功能归属和关于它们的恰当使用和功能偶发性失常的陈述，可以表明是规范性的。[②]

5.3.1　功能的归属

首先，在丹西的特征描述中，有效性信念 B_{eff}，即执行使用的计划导出其目标是规范性的。假设有人相信执行最普通的沏茶的使用计划（2.2节）是有效的，那么，如果有人想要一杯茶，就有理由执行该计划；因此，在丹西给出的特征描述中，B_{eff} 有着规范性的内容。正如 4.2 节中讨论的，功能归属是从信念 B_{cap} 和信念 B_{con} 角度来分析 B_{eff} 的，即人工物有着理化性能 φ 和该性能有益于使用的计划的有效性。因此，归属每个功能都是和有效性信念相关的。这意味着功能归属也是规范性的。例如，将用于站着的功能归属给椅子。这是指一个二阶的事实，即椅子的某种性能是和实用性相关的；尤其是当执行一项使用计划时，椅子有助于实现计划的目标。换句话说，功能归属给了一个人或任何人行动的理由，即用某种方法操作椅子。如果我想要实现目标 g 并且知道人工物 x 能用于实现目标 g，对我来说通过 x 来试图实现 g 实际上是合理的。因此，功能归属承载着关于行动的方案要素或建议。

功能归属是规范性的，这使得有关功能偶发性失常的陈述如何可能成为规范性的变得清晰明了。在使用者执行使用的计划时意识到功能偶发性失常的情形下，她有着实际理由去使用人工物，但在执行计划时却失败了。从这层意义上说，事后比较评价——和外部评价——表达了这样一个事实，即人们并非有一个理由使用人工物去实现目标 g，或者，可能是人们有一个理由不去使用人

---

① Dancy（2006：136）。丹西并没有用不规范的术语来描述规范性的陈述；他的标准不是还原性的。

② 丹西对规范性的描述早就被弗朗森（Franssen，2006）用来阐明人工物的规范性。本节的其余部分得益于这篇文章。此外，阐述恰当使用和功能偶发性失常的论断的这一小节，有一部分基于 Houkes（2006）。

工物实现目标 g。[①]

在丹西所主张的意义上，将后者视为规范性的事实是可能的；在人们对它可以评价这一点没有什么质疑。但是这对于功能偶发性失常的陈述的规范性来说，似乎并不充分。假设一辆车在行驶两年后不能启动了。如果车主做出事后比较评价的陈述，比如"我的车坏了"，她不仅宣称她有一个理由不将这辆车用来运输（即人们有理由不使用它达到此目的），而且她本就应该有理由使用它。对所有的事后比较评价而言，这并不都是真实的。如果转椅不能用来站着换灯泡，那么陈述"这把椅子不适合用来站着"仅仅表达了实际理由的缺失——如果涉及一个额外含有"应该"的陈述，它仅仅是对先前期望的表达。

功能偶发性失常的汽车和功能偶发性失常的转椅之间的相关不同之处，似乎是汽车能恰当地用来驾驶，而转椅被不恰当地或是偶然地用于站立。因此，我们进一步审视一下恰当使用论断的规范性，随后再检查功能偶发性失常的陈述是否要比表达一个实际理由有着更规范的内容。

5.3.2　恰当的使用

正如 2.7 节中讨论的，恰当的使用涉及社会对某一特定使用的计划的认可并给予特权。说明书不仅仅是功能归属中涉及的有效性信念、性能信念和作用信念的基础，还为这种特权提供了基础。在互相传授某些据说有效的使用计划时，我们同时把特权给予这些计划，这是通过对其他计划保持沉默，或是通过明显不鼓励他人执行或考虑替代方案来实现的。[②] 接受说明书反映了社会对使用的计划的牢固确立或可能的制度化，以及形成"使用者群体"，如团队或某种组织的过程。

并不是所有像这种社会性的牢固确立，都会涉及恰当使用。用信用卡打开酒店的房门或用床单越狱是社会中根深蒂固的计划，一个人关于信用卡和床单的性能信念和作用信念很大程度上或者只是基于说明书，而不是个人经验。然而几乎没人会宣称床单可恰当地用于越狱，尽管可以有理由将越狱功能归属给它们。因此，我们确实接受这些论断的说明书，但它并不表明它们是关于恰当使用的论断；此外，我们接受代言人或者是表明使用人工物的此种方法的人的权威，但只是作为有用论断的证人。

---

① Franssen（2006：47）。

② 来自同行的这种压力除了延伸到有效性，还延伸到其他的特征。你在练习开车时会被告知超速是不可接受的，但很少会怀疑它是有效的——尽管从耗油量上不总是高效的。举另外一个例子：用其他人的牙刷刷牙可能和用自己的一样有效和高效，但许多人一想到这一点就发抖。

当我们分析"恰当使用"的概念时，说明书和恰当使用之间的关系能被在 2.4 节中介绍的设计类型学所复原并在 2.7 节援用。"设计"不是附在某些意向行动上的公正标签。设计是专门由一些主体来完成的，而不是那些通常只参与使用人工物的其他人。这个"设计的权利"是和特权相伴的，最显著的是决定人工物恰当使用的特权。一致性是通过保修、同行压力和其他机制加强的。这种社会机制背后的根本原因，能够从实践的合理性方面理解：如果某一团队的一些成员是专门设计使用的计划和人工物的，并将他们的努力成果传达给其他成员，后者就不用费力去建构自己的使用计划和人工物；如果专业设计师设计得好，大家都会受益。这意味着设计者和使用者之间的分工和好的设计标准（2.7 节）为说明书创造了社会角色。专业设计师只有为功能归属中的性能信念和作用信念以及为形成这些功能归属背景的使用计划的有效性提供说明书，才能实现他们的社会角色。如果没提供说明书，他们的努力或许被评价为设计很差。对于消费者来说，如果他们接受这个说明书，即如果他们信任设计者，他们扮演着所期望的社会角色并在我们的功能理论中担当被动使用者。恰当使用的论断反映了这种信任，或者从相反方面反映了社会对业余设计的制裁。①

这意味着由说明书所支持的恰当使用的论断表达了规范性的事实，它不同于由有用性论断和功能归属所表达的规范性事实，但却和它相关。将驾驶的适当功能归属给汽车，这不是仅仅表达一个特定的人或任何人有实际的理由去开车。相反，它表达了任何使用汽车的人应该使用它来驾驶，而不是用于其他目的。这个"应该"能用不同的方法加以解释。其中之一是纯粹社会性的：社会的任何成员都应该遵守社会规则，这明显包括专业设计师和被动使用者之间的分工。另外，更为复杂的解释将恰当使用的论断和实际理由相联系：一个人应该恰当地使用人工物，因为他有理由相信恰当的使用是有效的。这没有排除相信使用人工物的其他方法或许同样成功的理由。此外，这并不意味着一个人有着确凿的理由去相信恰当的使用将是有效的。正如在 2.7 节中指出的，恰当的

<hr/>

① 关于说明书、专业设计和恰当的使用的这个社会认识的故事，仅仅表明设计者和使用者之间关系最小的"默认"结构。可以想象任一（现实的）情景，消费者推翻了专业设计师的说明书和他们恰当使用的论断。某一共同体内的各群体可能不只是执行其他的使用计划，为可替代的合理使用提供证据，他们也可以将可替代的使用计划提升至恰当性的地位。在我们的分析中，这意味着专业设计师的社会地位不再被承认：根据定义，替代的使用计划仍然是设计的产品，而不是专业设计的产品。另一个有趣的情景是专业设计师有意地为使用者的使用计划（甚至是人工物）的进一步发展留有余地。我们的分析为这些争议的讨论提供框架，但如何解决这些矛盾的恰当性论断，非专业的设计如何被社会阻碍或激励，这些准确的方法仍有待阐明。这种阐明并不是我们的目的，因为基本的情景是以阐明恰当的使用和功能失常论断的规范性。对功能归属的社会方面更多的详细研究，Scheele（2005，2006）有所论述。

使用或许是不合理的，如当人工物的功能偶发性失常时。尤其在对人工物性能的事后比较评价中，一个人或许会将恰当使用的论断，即一个人应该使用 x 去实现 g 和一个人有理由不使用 x 去实现 g 的论断相结合。这将我们带回到本节的原初目的，去理清规范性和人工物功能偶发性失常之间的关系。

5.3.3　功能偶发性失常

我们刚刚发现人工物 x 被恰当地使用去实现 g，并因此实现适当的功能归属的这些论断，表达了有条件的义务，即社会的任何成员应该使用 x 去实现 g，而不是实现其他的目标 h。然而恰当的使用的论断不仅如此，它们还表达了至少一些人（即那些知道使用的计划并具有必备技术的人）应该能够使用 x 去实现 g 的事实。这个"应该"不是合理期望的问题。为了探明原因，假设某人要使用转椅站着，另一人用它坐着，但两者都没能达到他们的目的。这两个使用者可以宣称功能偶发性失常，但只有第二个人可以宣称恰当地使用了椅子。在第一种情况中，事后比较评价表达了替代的、自主设计的使用的计划是无效的（即业余的设计是不合理的）这一事实，以及使用者有理由不再使用椅子用于此目的的事实。到此为止，规范性的故事就结束了。但对于第二种情况并不如此。合理期望也失败了，有效性信念、性能信念和功能归属不得不修改，但这种期望、信念和归属与恰当使用的论断进行了结合。这三者原本可以基于说明书，它们通过恰当使用的论断建立在专业设计师和被动使用者之间的分工基础上。在这种情况下，"椅子本应该用来坐着"在最低程度上表明没有满足社会期望，或者某人没有遵守社会规则或标准。我们期望专业设计师建构合理的使用计划和有用的人工物，不是因为他们过去成功做过此事，而是因为这是他们的社会角色。

这就引出了更多的功能偶发性失常的论断的规范性。与恰当使用的论断相结合的事后比较评价，包括承认先前关于人工物的信念是错误的，也包括具有那些信念的权利的主张。在事后比较评价中，你承认你的实际理由失败，但你也宣称它们本不应该失败。因此，事后比较评价预设了你应该有理由对人工物进行目标导向的操作。这种权利基于专业设计师和消费者之间的社会分工，基于这种分工和社会责任的相应网络，如果消费者相信他们忠实地执行了设计好用于传达的使用的计划，他们原则上可以抱怨无效的人工物使用。① 在实践中，

---

① 在实践中，使用人工物和抱怨无效使用的这种权利是受到束缚的：如果一欧元的手表一天之后坏掉，或者一个灯泡五年之后爆裂，就很少有抱怨的理由。然而，这些局限似乎是人工物使用的社会背景的一部分，正如使用它本身的权利一样。

这种权利通过一个责任、修理、退款和赔偿系统得到强化。

功能偶发性失常论断的规范性内容和这种功能归属无关，但和功能归属的社会和基于行动理论的背景相关。因此，这个尤为规范的故事是人工物使用和设计的现象学的一部分，不必（可能不应该）由人工物的功能来解释。于是，我们表明 ICE 功能理论如何处理功能偶发性失常的论断的第二种方法，逐渐显露于其背景中。

第6章　工程学、科学和生物学

ICE 理论解释了人工物的两种功能描述：与使用的计划相关的功能归属和基于无计划的理化分析的功能作用归属。我们提出第一种是技术的核心。在本章中，我们继续讨论无计划的功能描述，并评论一些工程功能描述，这些描述似乎挑战着和计划相关的功能归属的核心作用。该讨论首先将在技术范围内进行，但会给我们提供考虑 ICE 理论如何在该范围之外处理功能描述的方法。

正如在 4.4 节中我们提到的，工程师可以只通过分析人工物的物理化学结构将功能归属给人工物的部件。正如我们在 6.2 节中证明的那样，这些功能描述尽管能被重构成和使用的计划相关的功能归属。

物理学和化学似乎也包含功能描述：系统被视为测量仪或制备仪，物质被视为诸如导体和溶剂之类的物质。这些功能描述可被简单地融入到 ICE 理论中，这将在 6.3 节中展示。

然而，不能认为 ICE 理论充分地体现了生物学中的功能描述。这个否定的结果留给我们两种有助于分析生物功能的方法。在 6.4 节中我们批评了那些将生物功能分析成"貌似的"技术功能的尝试：ICE 理论表明这种分析蕴涵了对在生物学领域一系列目的论的概念难以置信的接受。第二种方法更为大胆。我们在 6.5 节中表明 ICE 理论能概括成全面的、统一的功能理论，其中主体将与目标导向模式相关的功能归属组成那些模式的物品。这个广义的 ICE 理论应用于生物学，但其结果是生物功能也是由主体进行归属并具有了目的性。

6.1　无计划的功能归属

使用的计划的概念对研究人工物的基于行动理论的方法是至关重要的。我们从使用的计划的角度分析人工物的使用和设计，将人工物的功能描述主要分析成和那些计划相关的功能归属。我们也承认第二种无计划类型的功能描述——基于人工物的理化分析的功能作用的归属——但我们并没有提出这第二种类型对技术中的功能描述是至关重要的。和使用的计划相关的功能归属在 ICE 理论中是应该能解释大多数人工物的功能描述的。

6.1.1　工程功能描述

使用的计划的概念是我们发明的，目前在描述技术时并没有使用。我们在2.4节提到过一些工程方法论学者，他们为了说明设计采用了行动理论作为基础，[①] 我们可以从我们的使用的计划方面尝试分析这些说明。然而一般来说，设计的方法论者倾向于限制由使用者提及行动；方法论者会谈论使用者的目标和创造新的功能物体，相应地描绘设计的特点。[②] 因此，我们宣称人工物的功能描述主要是和使用的计划相关的功能归属，这个论断一定是可以重构的：现实生活中，主体明显能够归属功能，不用考虑使用的计划或使用者行动。一旦现存的功能归属不能合理地分析成和使用的计划相关，这个重构就会有问题。在第4章末尾我们已经给出观察者和人工物结构分析者所做的这种无计划的功能归属的一些例子，这里我们继续他们的分析。

工程设计的一个普通情景确认了这个想法，即工程师常常归属功能而不用考虑使用的计划。在这个画面中，设计包括两个或多或少显著的部分。在第一个意向部分中，为了查明要设计的人工物应具有什么功能以便使用者实现目标，工程师要考虑使用者和他们的目标。在第二个结构部分中，为使这些人工物具有所要求的功能，工程师关注通过人工物来决定它们的物理化学结构应该是怎样的。这个划分表明工程师能够把功能归属给人工物而不用考虑使用它们的方法，也不用考虑这些使用中所涉及的目标；在设计过程的第二个部分中，工程师分析人工物的物理化学结构，那些分析似乎足以将功能归属给这些人工物。[③]

只是基于人工物的理化描述的这些功能描述的情况，明显在逐渐削弱我们的观点，即技术领域大多数物品的功能描述是和使用的计划相关的。似乎如果我们想要保留 ICE 理论，我们就应该承认无计划的功能作用的归属就是技术中的规则，而不是次要的功能概念。

在本章中，我们探讨这个挑战。我们保留自己的功能理论和观点，即和计划相关的功能归属构成了大部分人工物的功能描述。在4.4节中，我们已经认为观察者的功能归属，适合我们对与计划相关的功能归属的定义。其中，我们也概述了如下的论据：起着结构分析者作用的工程师所给出的人工物及其组成

---

① Hubka and Eder（1988）、Roozenburg and Eekels（1995：§4.3）、Eekels and Poelman（1998：ch.4）、Brown and Blessing（2005）。

② 例如，Gero（1990）、Stone and Wood（2000）、Pahl，Beitz，Feldhusen and Grote（2007）。

③ 见 Vermaas（2009a）分析设计模型中简化设计推理的不同方法。

部分的功能描述，能够在一些情况下，而不是全部，可以视为 ICE 的功能归属。这个论据完全取决于工程师隐藏——或"加括号于"，正如我们在本章所说的——在其功能归属中提及使用的计划的可能性。在 6.2 节中，我们将仔细考虑基于对人工物的物理化学结构分析的工程功能描述，并给出 4.4 节中承诺的证据。作为该讨论的结果，对我们理论的挑战很大程度上就逐步消解了：一般来说，基于部件的物理化学结构分析的工程功能描述能被重构成 ICE 功能归属。然而，当工程师基于人工物物理化学结构的分析给出人工物整体的功能描述时，这些描述一般不能被重构成和计划相关的 ICE 功能归属。

6.1.2　科学和生物学中的功能描述

使用的计划的核心作用也使得 ICE 理论在应用于自然科学中的功能描述时易受攻击。在物理学和化学中能找到有关材质的功能描述；例如，铜可以被描述成导体，酒精被描述成食用油的溶剂。将这种描述解释成在科学中与计划相关的功能归属是很难的，因为使用计划似乎在物理学和化学中是不合适的。同样以功能描述为特色的生物学对使用的计划来说似乎是一个更为抵触的环境。

对指责 ICE 理论不能适应科学中的功能描述的回应，就是去否认这些描述是纯粹科学的。可以主张物理学和化学中有关材质的功能描述，就是对于那些有关材质的技术描述，它们因此能理解成与计划相关的功能归属。对指责我们的功能理论不能适应生物学的功能描述的辩护，就是否认它应该是这样。ICE 理论是以我们的使用-计划方法为基础的。这种方法在技术人工物的领域中是讲得通的，这些人工物由主体使用并设计以实现目标。因此，ICE 理论应该解释人工物的功能描述，而不是使用-计划方法讲不通的物品，如生物个体。这个最后的论断暗示了技术人工物的功能和生物个体的功能之间在概念上的区别，因此强化了域间多元论的主张。[①]

我们采用这些辩护，但并没有忽略 ICE 理论是怎样与这些科学和生物学的功能描述相关的。在 6.3 节，我们会关注物理学和化学中人工物无计划的功能描述，在 6.4 节，我们将关注生物学，并讨论 ICE 理论是否能成为理解生物功能描述的工具。

6.1.3　部件、半成品和材质

对技术、物理学和化学中无计划的功能归属的讨论，不仅仅是要为 ICE 理

---

① 另见 3.5 节的讨论，尤其是第 61 页脚注①。

论辩护，也要展现它的灵活性和多样性。我们认为 ICE 理论能适应工程学中人工物部件的功能描述以及科学中对材质的功能描述，这是通过将两者视为功能归属来实现的。这可以被视为优于其他一些功能理论的优点。

　　人工物部件和材质的一个特征是它们通常有着不同的性能，为此它们被合理并恰当地使用着。置于螺钉顶部的扁平金属环的性能是使螺钉头尺寸更宽。因此，这些金属环被应用于分散螺钉头施加在它所固定的材料上的力，并让螺钉适合比其头部宽的洞。此外，这个金属环有一定厚度。即使螺钉在恰当地固定材料时稍长也可以使用金属环。化学材质，如酒精溶解食用油是它的一种性能。但升温时它也会逐步膨胀，因此被应用在温度计中；它轻度醉人并因此加到饮料中；它可燃并因此用作发动机和酒精灯中的燃料。半成品，如面粉和砖，很相似地具有多种功能。面粉具有营养可以用来做面包。但面粉也具有吸附液体的功能并用于制作调味汁；它呈白色，因此也曾用于在头发上化妆。

　　用 ICE 理论就能够归属所有和人工物部件、半成品以及材质相关的对应功能，不必将其中之一视为适当的，其余视为偶然的。酒精能被归属和清洁表面的使用计划相关的溶解食用油的功能，并能被归属和测量温度的使用计划相关的膨胀功能。因果-作用功能理论和那些意向理论也具有这个优点，其中物品的功能是和使用者的意向相关的。而在进化的功能理论和意向功能理论中，设计者或建构者的意向决定物品的功能，这两种理论在应用于人工物部件、半成品和材质时会出现问题。重复生产或设计那些扁平的金属环是为了哪些性能？重复生产面粉和酒精是为了哪些性能？一种可能性是设计人工物部件和半成品是为了它们当前所有的合理使用，但这一点可能会归结为将过于宽泛的信念基础分派给相关的设计者。或者，可以假设人工物部件和半成品只是为了它们当前的一两种用途，但结果是将和其余使用相关的功能变成偶然的，无论这些其余使用有多么的恰当。更为根本的是，先将诸如酒精之类的材质描述成设计好的产品似乎是违反常理的，因为它们是自然生成的。对于功能和使用相关的进化的理论会产生类似的问题。重复生产人工物部件、半成品和材质是用于合理使用它们的所有性能吗？还是仅仅一部分？在第一种情况中，你的最后一杯龙舌兰酒中的酒精也具有随气温升高而膨胀的功能。在第二种情况中，酒精的这个功能大概总是偶然的。

　　意向理论和进化的理论的这些问题并非是不可克服的。可以假设设计和重复生产人工物部件、半成品和材质是用于它们的若干当前的使用情形，然后将"升级的"偶然状况赋予和其余当前的使用相关的功能；例如，可以像普雷斯顿（Preston，1998b）（见 3.5 节）那样将这些"其余的"功能视为持续的期望。然而，ICE 功能理论提供了一个直接的方法将所有当前功能归属给人工物部件、半成品和材质，正如当我们讨论无计划的功能归属时所考虑的不同案例所证明的那样。

6.2　工　程　学

在本节中，我们将考虑那些只是基于人工物的物理化学结构就给出其功能描述的工程师。我们首先讨论人工物部件的这种"理化"功能描述。我们认为在这种情况下功能归属的相关定义一般能够被简化并重新阐释成只参照物理化学概念的定义。这表明尽管人工物部件的功能描述基于其物理化学结构的分析，但不能被仅仅视为功能作用的归属，而是也能被重构成功能归属。这种双重的理解并不总是可能的；我们给出一个标准，在其之下对人工物部件理化功能的描述能被视为和计划相关的功能归属。其次，我们将人工物的工程功能描述视为一个整体（包括半成品）。对于这种情况，我们表明功能归属的相关定义一般不能被简化成只参照物理化学概念的定义。因此，作为仅仅基于物理化学结构分析的一个整体，人工物的功能描述一般不能被视为和计划相关的功能归属。[①]

6.2.1　人工物部件的工程功能归属

人工物通常包括部件，这些部件通常是用功能术语来描述的。金属环的功能是分散螺钉所施加的力，开关有着阻断电流的功能，管子有着在发动机中传输材质的功能，等等。现在考虑一下给出了一个人工物部件功能描述的工程师，这是基于该部件和人工物为一体的物理化学结构分析。如果该功能描述被理解成 ICE 功能归属，应该可能从组成该理论的定义中得出一个仅仅参照物理化学概念的部件功能归属的定义。这里，我们给出这样一种衍生物，它提供了一种方法将部件的理化功能描述理解成 ICE 功能归属。

让我们首先注意，研究人工物使用和设计的使用-计划方法也适用于人工物部件。部件有着由设计师开发、使用者执行的使用计划。和普通人工物的不同之处是"部件的使用者"通常也扮演设计者的角色，即由部件构成的人工物的设计者：部件是设计者用来组成人工物的物品。使用-计划方法因此已经为考虑部件提供了基于行动理论的背景：部件 c 有着使用的计划 q，它由部件设

---

① Vermaas（2006）。

计者 d 开发并传达给其他设计者 d′，当他们根据部件计划 q 通过使用部件 c 来设计人工物 x 时，他们扮演着 c 的使用者的角色。引入这些变量是出于区分人工物 x 和其部件 c，以及它们各自的使用的计划 p 和 q 的需要。例如，在发动机里管子的例子中，q 的目的在于传输液体，p 的目的在于产生推动力。部件的设计者 d 和人工物的设计者 d′可以是同一主体，但通常不是。工程师在设计的时候经常使用现有的部件，它们由其他工程师设计并通过使用手册和技术手册在同行业得以普及，因此构成了分配部件使用计划的传达链。

这个基于行动理论的重构为考虑人工物 x 的部件的 c 的工程师 e 提供了背景，在此背景下可视为将功能 φ 归属给该部件。更具体地说，这种重构提供了使用计划 q，该功能的归属与其相关；该重构也提供了传达链，工程师凭借它能够为将相关的性能 φ 归属给 c 而求助说明书。因此，该功能的归属指的是所有非物理化学的概念，如使用的计划、传达和说明书。

为了避免理化功能描述的表面化，我们不得不阻止对基于行动理论的背景的这些参照物的增长。这可以分三步来完成。

第一步，我们假设工程师将基于行动理论背景视为默认，当给部件归属功能时不需要明确参照它。也就是说，当工程师归属这些功能时，他们关注那些属于功能归属定义的条件，并将条件置于括号内——如表 4.1 给出的——这些条件描绘了在传达链中自己的作用。加括号表明工程师可以和证明者或设计者一样，把功能归属给部件；被动使用者的功能归属的定义包含了对部件使用的计划的传达链中其他主体的直接参照，这很难与将该传达链加括号相匹配。这个结果讲得通，因为工程师一般被视为能够基于自己的知识解释人工物如何工作的主体，而不是依赖同行得出这些解释。因此，让我们假设工程师 e 像设计者或证明者那样将功能 φ 归属给部件，并让 e 证明其信念合理性的说明 A 包含科技知识。

第二步，我们为 c 选择一个使用的计划 q 的构想，它最低程度地参照非物理化学的概念。这个构想是："为了获得具有理化性能 Φ′的人工物 x，在配置 k 中构成 c，c′，c″，…"这是一些包含 c 的部件的使用的计划，它的潜在执行者是想要获得着性能 Φ 的人工物（可以是一个部件本身）的设计者。通过选择这个构想，我们没有缩小我们理论的范围：每个部件的使用计划都能具有这个形式。在设计者或证明者的功能归属的定义中，重新构想的替代使用的计划给出了如下结果：

工程师 e 合理地将理化性能 φ 作为功能归属给部件 c，相对于计划 q 在配置 k 中构成 c，c′，c″，…以获得具有理化性能 Φ 的人工物 x，并且与科技知识相关，当且仅当：

    I.   e 有着信念 B_{cap}：c 有性能 φ；

          e 有着信念 B_{con}：部分由于 c 的性能 φ，q 导致了具有性能 Φ 的人工物的目标；而且

    C.   e 能够基于科技知识证明 B_{cap} 和 B_{con} 的正当性。

这个定义仍然是指部件的使用计划 q，它的目标（获得具有性能 Φ 的人工物 x）以及包含 q 的行动（c，c'，…）。

在第三步，即最后一步，我们去除或至少是抑制了这些参照。这可以通过阐释使用计划 q 能够完成，但并不是阐释成一组由部件设计者 d 构想的指令，将被打算生产一个具有性能 Φ 的人工物的工程师 e 来执行，而是要阐释成一个关于部件的性能如何"加在"这些部件配置的性能上的论断来实现。在这个重新阐释中，部件的使用计划 q 转变成一项结构规则："配置 k 中的部件 c，c'，c''，…构成了具有理化性能 Φ' 的人工物。"这个对部件使用计划的重新阐释将它的基于行动理论的背景置于括号中：部件计划不再组成其目的在于达成一个在设计者之间开发并传达的目标的行动。相反，部件计划表达了关于人工物及其部件的物理化学结构的技术知识，这些知识是工程师设计人工物所援引的说明 A 的一部分。如果在上述定义中代入这种重新的阐释，部件的使用的计划就会被上述规则替换，作用信念就会变成关于该规则的信念"B_{con}"。然后部件的工程功能归属就获得下面的 ICE 理论定义：

工程师 e 合理地将理化性能 φ 作为功能归属给部件 c，这与具有理化性能 Φ 的人工物 x 的配置 k 中的 c，c'，c''，…相关，而且与科技知识相关，当且仅当：

    I.   e 有着信念 B_{cap}：c 有性能 φ；

          e 有着信念 "B_{con}"：部分由于 c 的性能 φ，x 具有性能 Φ；而且

    C.   e 能够基于科技知识证明 B_{cap} 和 "B_{con}" 的正当性。

（我们在 4.4 节中给出了这个定义，预先提出了当下的工程师对功能归属的分析。）

通过这三个步骤的过程，在部件的 ICE 功能归属中，我们将所有参照非物理化学的概念置于括号中。这表明工程师对部件 c 非理化功能的描述不必总是一种功能作用的归属。它也可以阐释成与加了括号的使用计划相关的功能归属。

一个理化功能的描述只在两种方式上是可以阐释的，即如果这个加括号的过程讲得通，可以阐释成 φ 物品功能作用的归属和功能 φ 的归属。也就是说，

基于行动理论的背景的假设——包含部件 c 的设计者 d，d 开发了使用计划 q，与其相关，性能 φ 可作为一项功能归属给 c——必须看似合理；如果不是这样，那么给这种背景加括号的假设就站不住脚了。

在调查工业装置偶然发生的爆炸中，将引爆装置的功能作用归属给电力系统的例子就提供了一个恰当的例子：它可以是部件功能描述所必需的部分，还没有设计者开发出相应的使用计划。这就禁止了我们将功能作用的归属阐释成加了括号的功能归属。这种真正无计划的功能归属在 6.4 节中，当我们讨论 ICE 功能理论在生物学中的应用时，就变得相关了。

6.2.2　人工物整体的工程功能归属

让我们看另外一个理化功能描述的例子。考虑一位工程师基于人工物的物理化学结构对人工物做出了整体的功能描述。这种描述能被视为给使用计划的参照加上括号的 ICE 功能归属吗？我们能否再次表明我们对人工物的功能归属的定义能够只参照其物理化学结构？对于一些类型的人工物，答案是肯定的。然而，我们还不能找到一个普遍得到肯定的答案：不同于部件，似乎不可能为所有人工物都进行其使用的计划的重塑，使它对非物理化学概念的参照被充分地最小化。

我们再把 e 视为工程师，x 是人工物，p 是其使用的计划，d 是 x 和 p 的设计者。工程师可以是设计者 d 或是传达链中的另一个主体。假设工程师给基于行动理论的背景加了括号，作为设计者或证明者，将功能 φ 归属给 x 并与科技知识（说明 A）相关。设计者或证明者对功能归属的定义仍然参照了使用的计划 p，它包含了使用者必须采取的行动，它也由使用者通过执行 p 实现的目标所描述。这些基于行动理论的概念是能够置于括号中的，这是通过将 p 重新构想成一项技术规则，而不是一组由设计者 d 发出的指令而实现的。然而这种阐释没有完全掩盖这一计划的本质。即使作为一项规则，p 仍然参照主体为实现特定目标对 x 必须采取的行动。对于一些人工物，可能用物理化学方面的术语对这些行动和目标进行重新措辞。例如，考虑一下具有使用计划的人工物，它的目标状态被直接描述为事件 S 的理化状态，它的行动很少需要得到执行者的注意。空气清新剂就是这样的例子，比如薰衣草香囊或是更时髦的带有香味的配件。这些人工物就应该买来放在屋子里，然后整个屋子中散发出芳香物，不需要使用者的进一步行动。这些人工物的使用计划可以是："购买并保留 x 以获得目标 S。"这种计划很容易阐释成"x 导出事件 S 的状态"类型的技术规则。将这一规则替换到我们的定义中，这些人工物的工程功能归属就有着如下形式，它只提到了物理化学术语：

工程师 e 合理地将理化性能 φ 作为功能归属给物品 x，与 x 的存在导出 S 的规则相关，并且和科技知识相关，当且仅当：

I.　　e 有着信念 B_{cap}：x 有性能 φ；

　　　e 有着信念 "B_{con}"：部分由于 x 的性能 φ，x 的存在导出了 S；而且

C.　　e 能够基于科技知识证明 B_{cap} 和 "B_{con}" 的正当性。

一旦考虑了其他例子，基于行动理论的要素就又混入其中。例如，人工物的计划在主体之间的传达中通常没有详细说明。其中的原因可以是大家都充分知晓这个计划，使得进一步传达它显得多余。这方面的例子就是扫帚、书、桥和吸尘器。或者是，人工物有着太多的使用的计划，使得传达它们或多或少没有希望。在这种情况下，通常由使用者来决定执行哪个计划。这种类型的例子是半成品，如面粉、砖、木板和酸奶油。在这两种情况中，人工物的使用的计划可以通俗地描述为"使用 x 用于目标 g"，其中目标 g 可以更精确地陈述——当 x 有着标准用途，例如，"读这本书了解人工物的功能"；或者使用的计划可以变得含糊——当 x 有多种用途，例如，"使用酸奶油改善你所有凉菜的味道"。在任何情况下，包含实现 g 的这个计划的行动被省略了。再进一步，或许就将该计划重新阐释成技术规则"x 导出事件 S 的状态"；成功则意味着工程功能归属的定义再次具有上述的形式。尽管如此，却不能坚持地认为该定义只用物理化学的术语来措辞。例如，I 条件所要求的作用信念仍然是一个关于那些未被传达的行动的信念：它指的是使用者为了实现事件 S 的状态所必须采取的行动。尽管可以说 I 条件只是含蓄地指这些行动，但如果工程师 e 要证明这种作用信念的合理性，正如 C 条件所要求的那样，仍然要明确地考虑它们。

因此，只是基于人工物的物理化学结构分析，对人工物的整体进行的功能描述，通常不能重构为和计划相关的功能归属。如果这种功能描述存在于工程学中，除了某些情况，它们是不能被 ICE 理论包容的。

本节的讨论能得出的结论是：部件的理化功能的描述通常不必视为无计划的功能描述。这些功能描述允许被重构为与计划相关的功能归属。只有那些不满足我们标准的少数例子应该被视为功能作用的真正归属。因此，部件理化功能描述的存在并没有逐步削弱我们的论断，即和计划相关的 ICE 功能归属解释了人工物大部分的功能描述。然而，人工物整体的理化功能描述一般不能被重构为与使用计划相关的功能归属。如果这种理化功能描述存在的话，它们会逐步削弱我们的论断甚至是我们的 ICE 理论：它们通常既不能被视为与计划相关的功能归属，也不能视为功能作用的归属，因此后者那些归属的定义只应用于

部件。

6.3 物理学和化学

功能描述在物理学和化学中也起着作用。在这些科学中，制备或测量仪器能用功能的术语来描述，材质有时用功能名称来描述，如"导体"或"溶剂"。ICE 理论不能直接应用于科学中的这些功能描述，因为"使用的计划"不是物理或化学中的一个概念。然而，可以认为这些功能描述应该被视为技术层面的，而不是恰当地属于物理学或化学的描述。科学和技术之间的区别是灵活的，正如那些有关科学与技术研究①和科学仪器的作用之间的相互影响的探讨所揭示的那样。② 这种灵活性允许我们声称，每当科学地描绘仪器时，它们被描述成具有特定的理化性能——制备仪器能够与系统相互作用，以便这些系统获得定义明确的状态；测量仪器能够建立系统状态和仪器之间的关联——每当在技术层面描绘它们时，这些性能也能作为功能归属给仪器。③ 类似地，可以认为有物理学和化学材质的科学描述只包含理化属性和这些材质倾向的描述，当从技术的角度考虑时，这些属性或倾向中有一些能够归属为它们的功能。例如，将铜描述为导体只是从物理的角度暗示了铜原子的特定电子能够自由地从一个原子移动到另一个原子，从技术的角度则暗示了铜能被归属导电的功能。

如果接受了这一点，物理学和化学中的功能描述并没有给 ICE 理论带来问题。如果制备仪器、测量仪器和材质从功能层面描述，就会从技术的角度考虑它们，我们的基于行动理论的分析就应用于这些仪器和材质。我们因此能将它们描述成具有使用的计划——制备仪器具有意在生产规定清楚的样品的使用计划，而酒精有着诸如意在去除表面的食用油、显示温度计的温度的使用计划——并且将这些仪器和材质的功能描述融入到 ICE 理论中，作为和这些使用计划相关的功能归属。

---

① 例如，见 Faulker（1994）。

② 在诸如 Hacking（1983）、Galison（1986）、Gooding，Pinch and Schaffer（1989）这些开创性的研究之后，对实验和仪器的兴趣在科学哲学家中与日俱增。最近这个新兴领域的一些文献收录在 Radder（2003）中。

③ 那种认为制备仪器和测量仪器本身不是科学的一部分的观点不太可信。例如，测量仪器在量子力学中起着基础性作用，因为这一理论最初指派给物理系统的状态具有一定的意义，这是从对那些系统实施的测量角度而言，而不是从对那些系统物理属性的描述角度而言的。因此，能被归属功能的仪器有时是科学理论的要素。可以举的另一个例子是热力学中的核心概念卡诺循环。

材质的无计划设计

科学中的一种现象挑战的与其说是 ICE 理论，不如说是根本的使用-计划方法。这种现象是物理中尤其是化学中新材质的合成，目的是使材质具有特定的理化性能。在一些情况下，这种合成在技术上被激励，例如，生产室温下超导的材料，或者合成新的有着预期药物用途的化学材料。但其他情况下，动机有着更为纯粹的科学性，例如，合成原子序数大于 100 的元素纯粹是科学激发的动力，生产巨大的分子和晶体也是如此。

在科学中，新材质的这种合成有时被描述为设计。这定义了一种设计，它不适合我们对设计的使用-计划重构，尤其是在没有任何技术动机就完成的时候。当然，存在着合成这些新材质的计划或步骤，但这些并不是材质本身的使用计划，而是所有其他材质和器具的使用计划。因此，尽管可认为物理学和化学中没有与 ICE 理论不一致的功能描述，但这些科学中有一种设计不适合使用-计划的方法。从这个意义上说我们的方法局限于技术人工物。

6.4　生　物　学

生物学是一门主要以功能描述为特色的科学学科。并非巧合，它是大多数哲学功能理论的主要焦点。ICE 理论的发展专门针对技术领域。在某种程度上，我们打算远离功能研究中的生物学偏见，并专门关注技术人工物方面的问题。尽管如此，文献中对生物学当前的关注，不可避免地提出了 ICE 理论是如何融合生物学中的功能描述问题的。

讨论这个问题的另一个原因是人工物的功能归属和生物功能描述的文献相关。在这些文献中，人工物的功能归属经常被视为在哲学上毫无问题的，因此经常作为标准来对生物学中功能归属进行"查验者"的理解。[1] 此外，一些作者主动将技术功能引入到生物学领域来弄清楚生物功能归属的意义；一个著名的例子就是丹尼尔·C. 丹尼特（Dennett，1971，1990，1995）所辩护的意向立场，这里通过阐释生物体，就像人工物一样，使生物学中的功能描述变得有意义。

到目前为止，我们希望已表明技术人工物的功能归属不是很容易理解的：技术为生物学提供的标准本身或许有一点查验的性质。尽管我们的主要目的是

---

① Ariew and Perlman（2002：1）。

分析技术功能，但我们接受挑战去检查 ICE 功能理论是否有助于理解生物功能描述。更为具体的是，我们检查 ICE 功能理论是否融合生物功能归属，如果不是，那它是否能被概括去融合那些功能。这样一来，我们也要评述如下想法，即生物功能的归属能够通过将其看成技术人工物的功能归属来进行理解。①

ICE 功能理论在生物学中的应用

对构成 ICE 理论的不同定义的粗略评估表明：如果这个理论可应用于生物学，那就是凭借功能作用归属的定义（所有的定义见第 91～92 页）。这些定义在生物学范围内的概念中进行措辞是讲得通的，但对于设计者、证明者和被动使用者对功能归属的定义却不能这样说。通过更仔细的观察，结果是部件功能归属的定义也不能应用于生物学领域。

设计者、证明者和使用者对人工物的功能归属的定义并不能应用于生物个体，因为它们涉及使用的计划，一个对生物学似乎陌生的概念。在更为广泛的意义上，这些定义预设了人工物使用和设计的一个基于行动理论的背景。这一背景明显不存在于生物学领域中。根据当前的新达尔文主义的正统观念，既没有生物个体有意向的设计者，也没有这些个体的由其他主体开发有助于实现目标的使用计划，即使神创论的拥护者也会发现接受这种背景有些不合理。

这一点应当得到详细的说明。使用-计划的方法不仅暗示了人工物是主体有意挑选或塑造的物品，也提供了相当丰富的说明。其中，所有人工物都是嵌入在使用的计划中作为实现和那些计划相关的目标的手段；设计者开发那些计划并将其传达给其他主体，因此在共享使用计划的主体中创造了传达链。所以，只是将生物个体视为神明设计或创造的，不足以重复产生我们功能归属定义的基于行动理论的背景。人们还需要将它们视为设计好以达到人们目的的手段，并承认设计者把这些用途告知了人们。②

这些特征被部件功能归属的定义所共享。所描述的基于行动理论的背景在此定义中加上了括号，但它仍然是预设的。部件的功能归属区别于功能作用的归属，因为前者预设了存在着部件的使用计划。归属功能的主体不必知道这种使用计划，但必须假设它是存在的，而且作为部件设计者所创建的传达链的一

---

① 生物个体的一些功能描述与人类对生物体的干预相关，其范围从繁殖直到基因工程。这种描述可视为同属于生物领域和技术领域。为了考虑纯粹的生物案例，我们忽略这些混合类型。

② 麦克劳克林（McLaughlin, 2001；ch. 7）拒绝人工物的功能归属和生物个体的功能归属之间的类比，他认为人工物和生物体与不同的目标相关联，并且设计不同于自然选择。人工物的功能归属预设了生物学中所缺乏的基于行动理论的背景，我们的这个立场可视为第三个论据。

部分，主体是知道它的。无论如何，可以忽略这些特点并将部件功能归属的定义应用于生物个体。假如那样的话，可以将该定义视为缩短的部件功能归属；它所预设的基于行动理论的背景就被缩减并成为归属的魅影。在 ICE 理论中，这种缩短的功能归属事实上算作功能作用的归属。

结果是 ICE 理论中生物个体只能被归属功能作用。如果生物个体功能归属的用处至少包括适当的-偶然的用处和功能偶发性失常的用处的类似物，[1] 那么 ICE 理论是不足以满足生物学的。它不在适当功能和偶然功能之间加以区分，而且任意地将生物学中的功能描述视为功能作用的归属。此外，在 ICE 理论中，一旦有了如下信念，即盲人眼睛不具备探测光的性能，就不能将该性能归属给盲人的眼睛。[2]

这没有排除生物学中的功能描述能够理解为将生物个体当做人工物时所产生的描述。但将 ICE 理论应用于生物学，确实表明了这种立场的预设更为具体化，与一些作者所辩护的立场相比失色不少。在文献中，这种预设经常被视为生物个体是由理性的主体所设计，以此回应其生物背景所引发的问题。然后将设计置于简单的、以对象为导向的意义层面，而不是我们所倡导的基于行动理论的意义层面，来有意决定相关物体的物理化学结构。对于路文斯（Lewens，2004）来说，他将他所称呼的进化的"人工物模型"分析成"研究有机世界，将其看成是犹如被设计一样的方法"，[3] 这个简单的意义层面上的前提似乎真的是设计。马森（Matthen，1997）在他描述通过"产品类比"去理解生物功能的过程中，通过要求确认使用者，朝我们基于行动理论的意义上的设计迈进了一步。这些使用者不是主体，但却是从归属了功能的个体获益的生物体。例如，肝脏的使用者是使用它进行代谢脂肪的身体。[4]

假设将一个生物个体看成犹如被设计的一样，在这个意义上其物理化学属性是由主体意向性地决定的。但这还不足以将 ICE 理论应用于个体。而应用意向功能理论是足够的，比如尼恩德尔（Neander，1991）的理论。但这种应用会立即使得对生物功能描述的貌似论述面临着扩散的问题；那么生物个体或许被胡乱地归属得不到支持的功能，或者与貌似设计者的"隐藏动机"相关的功能，比如肝脏可以被归属展现大自然"善于创新"的功能，或者姬蜂被归属了展示大自然固有的残酷的叔本华式的功能。

---

[1]　例如，见 Lewens（2004：88-89）。
[2]　在 5.2 节中给出的论据可以帮助解决这个问题。
[3]　Lewens（2004：39）。
[4]　Matthen（1997：31）。

　　将 ICE 功能理论应用到生物个体则需要更具体的预设。生物个体应该嵌入上述所讨论的基于行动理论的背景。必须假设肝脏已被主体选择作为开发肝脏的使用计划的一部分。该计划曾用于其他设计者并传达给它们。该计划的目标或许是生物体作为整体的组成部分。如果其他设计者决定通过设计生物体来实施计划，比如老鼠，他们再一次这么做就成为开发使用老鼠的计划的一部分，并将使用老鼠的这种计划传达给其他主体，然后他们算作老鼠的使用者。

　　对于将生物功能的描述视为貌似人工物的功能归属的那些人来说，这个更为具体的前提未必第一眼看上去就显得有问题。毕竟，他们没打算先要描述准确，因此增加了古怪字眼就显得无妨。但最终的结果是，这些多余的假设或许降低了合理性，因为用功能术语描述生物个体的生物学家或许不太情愿将那些个体看成是人工物。例如，生物个体的使用者不能被确认为包含那个个体的生物体，正如马森所期望的：在 ICE 理论中，肝脏的使用的计划被传达给其他设计者，而不是包含肝脏的身体。路文斯认为进化的人工物模型对于物品来说"只是实际上可应用，心理上吸引探究者"，这些物品是创造"具有功能复杂性，使人想起所设计对象特点的系统"这个过程的结果①，这种观点也变得难以维持。在原有预设上它似乎合理：对于生物学家，当生物个体和所设计的物体相似时（在路文斯意义上），这些生物学家或许倾向于将它们视为好似设计的对象一样（在路文斯意义上），并将原有预设看成是合理的。但生物个体和设计的人工物（在路文斯意义上）之间的相似不再足以接受更为具体的预设；相反，生物学家需要将生物个体视为类似的有着设计用以使用的使用计划的物体。后者这种貌似的假设和更为适度的前者相比，远非那样合理可信。

6.5 一个生物学的、广义的 ICE 理论

　　即使 ICE 理论并不应用于生物学，仍然可以试图为生物学建构一个"类似 ICE"的功能理论和/或者广义的理论，其中人工物的 ICE 理论和它的生物对应体都是实例。让我们把 ICE 理论的这种生物对应体叫做 b-ICE 理论，把广义的理论叫做 g-ICE 理论。建构这种理论并不难：只管把任何胜任生物学领域的功能理论视为 b-ICE 理论，将 g-ICE 理论定义为产生技术领域里的 ICE 功能归属和生物学领域里的 b-ICE 功能归属的理论。既然这种策略似乎是个廉价把戏，它没导出生物功能归属的"类似 ICE"理论，我们在这里就不执行了。相反，

---

　　① Lewens（2004：119-120）。

我们构想了一个"类似 ICE"的 b-ICE 理论的例子。通过这个例子，我们证明类似于 ICE 理论的生物学的功能理论是存在的。此外，我们表明：如果确实将人工物的功能归属视为生物学功能归属的一个标准，则可以得到和现有方案截然不同的结果。

　　将某一理论从一个领域转换到另一领域的一种方法，是保持理论结构的完整性，并将该理论在第一个领域特有的那些核心概念转变为应用于第二个领域的相似概念。这种程序并不是没有歧义，也不保证一定成功。例如，米利肯（Millikan，1984，1993）和尼恩德尔（Neader，1991a，1991b）的原因理论与生物学领域相契合，但也可使其应用于人工物，这要通过在两者之间将重复产生的生物学的概念转变成技术相似物。这不仅导出米利肯和尼恩德尔著作中两个不同的转变——设计者的一次性选择和使用者的长期的选择过程——也导出了技术人工物的功能理论，但它们没有满足我们说明人工物的用处的需要（见3.2 节、3.4 节和 3.5 节的讨论）。

　　为了形成类似于 ICE 的生物功能归属理论，将人工物和使用的计划的核心概念转变成生物学概念是不够的：ICE 理论具体的基于行动理论的背景也需要转换。这意味着应该找到概念的对应物，如设计、使用和传达。这个任务的第一项尝试可以是将使用的计划视为目标指导下生物体的行为模式；将设计视为那些模式的自然选择过程；[①] 将传达视为那个选择通过基因信息对结果的传递；将使用视为新的生物体中那项基因信息的表现。这种转变导出了进化的功能理论，它使得 b-ICE 理论在生物学领域中得到优势互补。

　　这里遗留下一个问题。ICE 理论中设计和使用不仅仅指涉过程，也定义了主体在给人工物归属功能时可以起到的作用。因此，这些核心概念的生物对应物也应该是过程，也定义了主体在给生物个体归属功能时所起的作用。此外，这两个作用一定是不同的：设计者启用了支持功能归属的传达链，而使用者则延长了这些传达链。

6.5.1　生物学的 ICE 功能理论

　　下面的转变有着全部所需要的特色。我们将设计视为发现或者首先将生物

---

　　① 这或许使人想起克罗斯（Krohs，2009）的方案，他将设计的概念概括成一个设计的非意向概念，作为一个例子可应用于生物个体。按照我们的使用-计划分析，这个方案再一次将设计置于有意向地决定对象的物理化学结构这种有限的、面向物体的意义之中。对于人工物，克罗斯从蓝图的角度描述设计，它决定了物理特征，而不是使用方法。这迫使我们想出一种对生物学的替代置换。3.5 节讨论过了克罗斯从他对设计的一般概念得出的功能理论。

体一组特别的行为描述成目标指导下的模式 p 的过程。参与这个过程的生物学家然后扮演着发现者 d 的角色。作为一个发现者，她将发现的模式传达给其他生物学家，他们然后进行了解并能"使用"它以更好地理解生物体和它所参与的行为。这个学习的过程是使用过程的生物学对应物，它定义了外行的主体作用，类似于社会认识论中专家与外行的区别。

这些转变把技术功能的全部基于行动理论的背景转换成了"认识"背景，生物学家可以把与这种背景相关的功能归属给生物个体。和技术中的功能归属类似，生物学家如果有着关于模式的正当的有效性信念 B_{eff}，并且这种信念有一部分基于正当信念 B_{cap} 和 B_{con}，即生物个体有着性能 φ 和该性能 φ 作用于这种模式的有效性，他们可以将理化性能 φ 作为一项功能归属给和模式 p 相关的生物个体。

用这种方法获得的功能理论再次包含了功能归属的两个定义。它们在表 6.1 中列了出来；① 证明者 j 是生物学家，他们没有发现与生物功能归属相关的行为模式 p；证明者 j 在那个意义上又是外行，尽管如此却能证明那些成为功能归属基础的不同信念的正当性。人们可以比照 ICE 理论来发展这个 b-ICE 理论，这是通过显示将功能归属给器官，能够定义物理化学功能的归属，上述对目标、行为和认识背景的参照加上了括号；我们能够用没有模式的功能作用的归属来丰富它。

表 6.1　生物个体功能归属的 b-ICE 定义

发现者 d 或证明者 j 有理由将理化性能 φ 作为功能归属给生物个体 x，这和 x 的行为模式 p 相关，并且和说明 A 相关，当且仅当	I.　d/j 有着信念 B_{cap}：x 有性能 φ； 　　d/j 有着信念 B_{con}：部分由于 x 的性能 φ，p 导出了它的目标；而且 C.　d/j 能够基于 A 证明 B_{cap} 和 B_{con} 的正当性。
一个外行 l 有理由将理化性能 φ 作为功能归属给生物个体 x，这和 x 的行为模式 p 相关，并且和说明书 T 相关，当且仅当	I.　l 有着信念 B_{cap}：x 有性能 φ； 　　l 有着信念 B_{con}：部分由于 x 的性能 φ，p 导出了它的目标； 　　l 相信发现者 d 或 p 的证明者 j 有着 B_{cap} 和 B_{con}； C.　l 能够基于 T 证明 B_{cap} 和 B_{con} 的正当性； 　　l 能够基于 T 证明 d/j 有着 B_{cap} 和 B_{con} 的正当性；而且 E.　l 接受了 T：d/j 有着 B_{cap} 和 B_{con}。

我们的目的不是在这里充分发展这一理论，或是从生物个体的功能理论所能期望的方面来评估它。我们把讨论限制在一些一般性的评论上。

---

①　如果更为精确地阐述这个 b-ICE 功能理论，也应该将描述技术中主体不同作用的定义转换到生物学中。这些转换的定义由表 6.1 中给出的 b-ICE 功能归属的定义预设，然后确定发现者、证明者和外行的主体作用。

第一，与生物功能的现有理论相比，b-ICE 理论看起来或许奇怪。它不是一个关于具有独立于生物学家信念的功能的生物个体的理论，而是一个关于生物个体正当的功能归属的理论。因此可以将这一理论用于仅仅是（社会的）建构主义的理论，这其中功能归属是由生物学家使对方相信的任何内容来决定的。然而，这两种观察都太仓促。首先，或许有一种关于生物个体的功能理论，它们的功能算作"认识" b-ICE 理论的本体论的对应物。这种本体论的对应理论在 Vermaas（2009b）中给出，以供技术功能及其广义的 ICE 理论之用。然而，在那些对应理论中，物体——人工物和生物个体——仍然具有与主体信念相关的功能。其次，b-ICE 理论不仅仅是关于主体的信念；正如 ICE 理论本身一样，b-ICE 理论要求发现者和证明者的功能归属能够用说明 A 来支持。这通常包含生物学和其他科学知识。因此，作为它的技术对应物，b-ICE 理论满足了说明得到支持的用处的需要。

第二，b-ICE 理论允许生物体作为整体的功能归属，然而生物学中的其他功能理论通常不是这样。每当能找到生物体在目标指导下的行为模式，其中生物体作为整体的性能起着助推的作用，那种性能就能作为一项功能被归属。例如，蟒蛇可以被归属勒死猎物的功能，这是和捕食的行为模式相关的。

b-ICE 理论也有其优点。首先，它为生物学中的功能归属满足了说明功能偶发性失常的用处的需要，正如 ICE 理论一样。其次，能够使它为生物个体去满足说明适当的-偶然的用处的需要，这是通过区分功能归属相关的不同行为模式做到的。适当的功能——比如心脏例子中跳动的性能——与一种类型的行动模式相关进行归属，而偶然的功能——那些心脏发出砰砰跳动音的性能——是和另外一种类型的模式相关的。识别相关类型的一种方法或许是通过行为模式对相关生物体的存活和/或健康的贡献，但这只是一种猜想。

第三，在 b-ICE 理论中，功能归属不依赖于某种特别的生物理论。例如，采用（过）不同理论而不是当前新达尔文主义理论的生物学家，他们的功能归属也能被 b-ICE 理论融合。

第四，在生物学中的技术问题方面这一理论是中性的，它展示了目标是如何进入功能归属中的。b-ICE 理论是与塞尔所认同的立场相容的，比如"不存在任何对生物物种的起源和存活的内在目的"。[①] 它也和以下立场相容：比如通过进化过程，自然揭示了生物体的某种导向。在这些情形中，发现者分别包含或识别了功能归属中的目标，这是通过把生物体的某一组行为分隔成目标指导

---

① Searle（1995：16）。

下的行为模式来实现的。

我们把对这个 b-ICE 理论的进一步评估留给研究生物哲学的同事们。但如果这一理论或类似的理论对生物学来说可以接受，那么我们这一点小演练表明 ICE 理论可以用来捍卫这一立场，即生物功能的归属应该理解成好似人工物的功能归属一样。这一立场的预设不需要在我们基于行动理论的意义上去设计生物个体，而只是说生物个体功能归属的认识背景类似于人工物的功能归属的基于行动理论的背景。通过支持这种替代的预设，就保留了丹尼特所赞同的生物功能归属的意向要素，但避免了生物个体是由主体设计用于其他主体使用的后果。

6.5.2　一个广义的 ICE 功能理论

一个更为广泛的评论是 b-ICE 功能理论反过来可以被置换到除生物学以外的其他学科。可以这样认为：在生物学领域，如果把功能与认识背景相关进行归属，这一背景包含将他们的发现传达给他人的科学家，那么这种功能归属在其他学科中也是可能的。对于行为科学和社会科学，如社会学和心理学而言，这或许是好消息；对于物理学和化学，这当然不是。因此，如果接受这个论点，则需要一些约束去防止由物理学和化学中发现的模式导出功能归属。一个明显的候选约束就是不应该将这些物理和化学模式视为目标导向的。

ICE 理论本身是否应用于生物学领域，是否能够概括成一个应用于该领域的理论这个问题，是和功能的统一概念是否在涉及功能描述的不同领域中使用的问题相联系的。如果是的话，则期望功能理论应用于所有那些领域。我们在这个问题上是不可知论者。事实上，基于我们的结果可能赞同一个否定答案和一个肯定答案。一方面，作为 ICE 理论的一部分，我们认为与使用的计划相关的功能归属的定义在技术领域站得住脚，而在生物学领域是站不住脚的。在这种意义上，我们接受域间多元论：和使用的计划相关的 ICE 功能归属是技术领域特有的，在这方面功能没有统一的概念。另一方面，我们可认为和使用的计划相关的功能归属能被置换成与目标指导下的行为模式相关的 b-ICE 功能归属。这似乎就可能定义一个总的 g-ICE 功能理论，将 ICE 理论和 b-ICE 理论作为特例。如果至少承认和行为模式相关的功能归属的概念在生物学领域里讲得通，那么这个一般意义上的理论定义的功能归属就是统一的。

第7章　人工物的属性

在本书中我们已展示了我们的人工物哲学。我们从基于行动理论的视角出发，阐明了作为有用物体的人工物和目标、信念和主体行动之间直觉上的联系。在分析了人工物使用和设计之后，我们关注了吸引大多数哲学目光的人工物的特征——它们的功能。我们基于我们的人工物用处，批评了现有功能理论并展示了自己的替代物。这个 ICE 功能理论分析了功能是如何被正当地归属给人工物的，并将功能归属与所采用人工物的目标和行动，以及这些物体的物理化学结构联系起来。然后，我们认为我们的主张满足了说明人工物各种用处的需要，并在最后探索了我们的 ICE 理论是如何应用于除技术领域之外的其他领域的。

我们没有立即关注人工物，而是建构了人工物的行动和功能归属理论的主张。在本章中，我们评价并展示人工物的形而上学的一些结果。

在 7.1 节中我们首先认为技术功能是概念的"吊桥"：功能描述允许使用者和工程师连接和断开人工物的意向和结构描述。正如我们在 7.2 节所表明的，对人工物的功能描述的概念作用或认识作用的分析挑战了形而上学的立场，即功能可以被视为人工物的本质；我们的主张表明如果人工物有着本质，那么它们是嵌入使用的计划中的物体。我们在 7.3 节探索这个替代的立场并发现它有一些缺点。最后，我们认为它可以用另外一个关于人工物的普通直觉来补充，即它们是人造物体。在 7.4 节，我们将概述对人工物的这两个视角是如何有利地结合在一起的。

7.1　作为概念的"吊桥"的功能

在本书中，我们已经分两步建构了人工物的功能理论。首先，在第 2 章中，我们给出了对使用和设计的基于行动理论的分析，将使用的计划置于主导地位。其次，在第 4 章中，我们构想了主体可以有理由地将功能归属给人工物的条件。这些条件通过功能归属嵌入到使用的计划中，明确了功能、目标和行动之间的关系。

这些结果提出了关于人工物的特征描述中功能重要性的问题。正如我们一开始所说的，人们经常用功能术语来描述人工物，甚至以其功能命名。在我们的例子中，我们使用过了面包机、电机和止痛药。一些哲学家如此重视这些功能描述，以至于他们将功能视为人工物的本质——对于人工物，这意味着"那个东西是什么？"的问题的正确答案必然包含功能描述。

我们在 7.2 节中检验这个功能的本质主义。首先，作为一种准备，我们将注意力转移到功能的概念的作用上。无论多么重视技术功能，都不能否认人工物不是总用功能术语来描述的。此外，尽管主体使用像"牙刷"这样的功能描述，挑剔的使用者仍然是很少使用功能的概念来描述他们如何对待人工物的。

来自日常语言的这些考虑与我们的一些结果相一致。功能归属包含关于使用计划的有效性以及有助于这种有效性的物品性能的信念。因此，功能连接着人工物的两种描述，叫做它们的"双重属性"。[①] 一方面，人工物能从它们理化性能的角度进行结构上的描述；另一方面，它们能从目标和行动方面进行目的论意义上的描述。只有两者相结合，结构和目的论的（或者物理和意向的）描述才能提供有关人工物的完整描述。[②] 对于我们的分析，功能归属也以两种描述的要素为特色，并表明人工物物理描述和意向描述之间的关系。因此，"功能"的概念像一座桥，连接着人工物有意向的使用-计划描述和它们的理化性能的描述。[③]

或许令人惊奇的是，功能的这种"桥"的作用能用来解释人工物为何经常不是用功能的术语来描述的。此外，我们的分析表明人工物是如何既用目的论的术语，也用结构方面的术语来描述——而不用削弱"双重属性"的论点，两者在完整的描述中是都需要的。我们现在描述的过程中，使用者和设计者有选择地（不）强调人工物的意向和功能描述。继续之前的隐喻，会把功能比作一种不寻常的"吊桥"，可从两边拉起。为了避免超出想象力[④]，我们转换隐喻：我们从完整描述的"掩饰"和"突显"要素方面来描述所强调的过程。

我们首先关注使用者描述人工物的方法。通过我们对使用的一般描述，使用者根本不必描述这些人工物的功能。他们可以将人工物描述为实现他们目标的手段：擦干你头发的手巾，烤面包片的面包机。如果使用者按照我们的 ICE 理论确实将一项功能归属给人工物，这就包含了对使用的计划和人工物物理性能的参照。然而，后者这个参照或许是粗略草率的。在把功能 φ 归属给人工物

---

① Kroes 和 Meijers（2000，2002，2006）。

② Kroes 和 Meijers（2006：2）。

③ Vermaas 和 Houkes（2006a）。

④ 我们的概念架构的产品是高度创新的：双面吊桥配有聚光灯和隐形装置。

时，使用者仅仅需要相信相关的人工物有着物理性能 φ。在证明这一点的合理性时，使用者可以依赖设计者的说明书，由此避免了对人工物的广泛的结构描述。因此，尽管使用者的功能归属参照了人工物的物理性能及其使用的计划，但这些功能归属的条件明确了人工物的物理描述是如何被削弱以利于单从目标和行动的方面的描述。更确切地说，在黑箱现象中确实突显了一种理化性能，而掩饰了物理结构其余部分。

让我们转向工程师。在 6.2 节中我们表明了我们的功能归属理论是如何融合工程师的自我理解的，其中工程学基本上被视为物理化学上的计划。我们展现了把对使用计划的参照降到最低程度的两种方法。

第一种方法考虑人工物部件的功能归属。像人工物一样，部件有着使用的计划，由部件设计者开发并由使用者执行，他们本身通常是人工物的设计者。不同于普通的使用的计划，部件的使用的计划很容易被置于括号中。它们能被视为关于部件的性能 φ 是如何在结构上"添加"进这些部件配置的性能 Φ 的论断。工程师基于他们的科技知识能证明他们关于结构上"添加"的信念的合理性。因此，部件功能归属的行动理论背景确切地只是一个背景。如果设计者将性能 φ 归属给部件并与部件配置的性能 Φ 相关，他们突显了有助于人工物的功能的部件的性能，并掩饰了部件和人工物的使用计划——对使用者来说颠倒了典型的掩饰与突显的机制。

第二种方法是关于人工物作为整体的功能归属。这里，我们结果的意义不太明确。对于有着完善的或者模糊的使用计划的人工物，工程师可以再一次将对于组成人工物使用计划的行动和目标的参照置于括号内。然后，他们基于其物理化学组成将功能归属给这些人工物。对于其他人工物，这个结果是不适用的。当把功能 φ 归属给人工物时，工程师一般也需要参照使用者的行动和目标，以证明他们关于使用计划是有效的信念的正当性。这导致了更为复杂的掩饰与突显机制。如果设计者将功能 φ 归属给人工物，他们——正如使用者——突显了与其使用计划有关的人工物的性能 φ。然而，他们不能总掩饰功能归属的行动理论条件。在通过科技知识证明作为功能归属基础的信念的合理性时，设计者不得不考虑属于使用的计划的目标和行动。我们回到方法论者对工程设计的描绘，这里分成了意向部分和结构部分（见 6.1 节）：在设计中，工程师可以关注结构部分，这其中如果它得有某种特定功能的话，他们就决定了人工物的物理化学结构应该是什么样子。然而为了决定那项功能，工程师需要考虑意向部分中的使用者和他们的目标。

认知科学中的结果部分地确认了这个分析，尤其是为使用者突显的机制。[①]已经有人做了实验去查明人们何时从人工物的功能方面将人工物分类并且他们何时克制这样做。主要问题在于功能是否就是所谓的核心属性，即是必要的并且足以决定物品是否属于一个类别的属性。[②] 结果是功能用于人工物类别的基础，仅仅是在人们可以合理地推断人工物的物理结构将支持有效使用的情况下成立。例如，巴顿和卡马苏（Barton and Kamatsu，1989）要求主体基于基本的物理信息对物品进行分类。一个范例问题是两个由不同材料组成的，均能反射图像的物品是否都是镜子。巴顿和卡马苏从主体对这个问题的肯定回答中得出结论：功能是核心属性。对于 ICE 理论，这些功能归属的确是正当的，因为主体有着有效性和（基本的）得到物理支持的信念，两者都是基于说明书的。然而，如果有效使用不是明显地被物理结构支持，例如，如果人工物有一个非常不标准的部件，人们通常会克制使用功能类别并从其物理结构或非常不明确的目标方面描述人工物。例如，莫特和约翰逊（Malt and Johnson，1992）用功能归属和关于物理结构信息的不同组合提供了主体对物品的描述，比如"当穿在衬衫外面时给上半身提供温暖"和毛衣或橡胶外套的物理描述的组合。主体通常把第一个物品描述成毛衣，另一个描述成"橡胶服"或"某种橡胶外套"。

如果使用和物理结构之间的关系足够清晰，甚至有报道说两岁的孩子就用功能术语来描述人工物。相关文献（Kemler-Nelson，Russell，Duke and Jones，2000）中把一个简单的物体展示给孩子们并用功能术语描述它。他们没有演示物体的使用，但允许孩子们操作它。如果孩子们可以理解功能是如何被物理结构支持的，他们然后就用类似的功能术语描述其他物体。在先前的实验中，如 Gentner（1978）、Landau，Smith and Jones（1998）所报道的那样，不允许孩子们操作物体，也没有努力去传达或促进一个得到物理支持的信念。这些情况下，发现只有五岁以上的孩子才归属了功能，他们比两岁大的孩子有着更为细致的关于物体的物理行为的信念。这些结果表明，即使非常小的孩子，也会将功能归属基于有效使用和支持它的物理结构之间关系的信念。而且当他们缺乏使用和结构（的关系）的信息时，他们就克制使用功能术语。

[①] 这些结果的展现主要是基于 Romano（2009）。

[②] 核心属性是否存在，这在类别和概念性质的不同理论支持者之间存在争议；例如，参见 Smith 和 Medin（1981）对范例、原型和理论的综述。不过，即使对我们的分析来说，至关重要的经验结果是由具有争议理论的支持者获得的，这并不使得结果失去其重要性。

7.2 反功能本质主义

在 7.1 节我们讨论了在使用和设计的情境中描述人工物的方法。显示出来的描述是一个结构概念、目的论概念和意向概念的网络，它们都用于描述人工物。功能概念在这个概念网络中是有用的媒介。然而，我们认为这个角色中，功能是可有可无的：掩饰和突显该网络的一部分和功能归属一样，对于理解使用者和设计者如何描述人工物是很重要的。

鉴于这些来自该网络的概念可以被采用的不同方法，将人工物哲学限制在功能归属和功能描述的理论将是目光短浅的。但我们能基于前面的章节得出更有力的结论，即功能不能被理解成人工物（真正的或名义上的）的本质。因此，无论多么致力于重构普通的语言，都不可能建构一个框架，使得在该框架中功能是描述人工物最基本的概念。

这个结论从概念分析的视角似乎不是特别的有趣。然而，如果我们把注意力转移至人工物的形而上学，我们对不再强调功能的要求与一些或许被称作"功能本质主义者"的哲学家的共同呼声不一致。在本节中，我们提出了反对这种功能本质主义的论据——该论据只包含之前一些结论在形而上学术语中的转化——而且我们给出了问题的一个例子，即功能本质主义者的形而上学，也就是琳·瑞德·贝克（Baker，2000，2004）的构成性理论与关于人工物使用的现象学相冲突。[①]

在形而上学中，人工物没有被完全忽略。亚里士多德和海德格尔可以理解为提供了关于人工物本体论的观点，最近一些有关形而上学的著名文献，比如范·因瓦根（van Inwagen，1990）、威金斯（Wiggins，2001）和贝克（Baker，2004）评价了人工物的本体论方面。此外，形而上学中一些激烈争论的话题如果不是明确地关注人工物，就把它们作为最好的例子。忒修斯（Theseus）的船和陶土雕塑（Goliath）（和/或陶土（Lumpl））都是人工物也是形而上学的难题。[②]

按照贝克（Baker，2004）的说法，并与本书总体思路保持一致，我们这里简单假设人工物在本体论上是令人满意的。此外，我们不会描述并批评上述所暗指的观点。相反，我们反对这种假设：很多对人工物本体论上的主张在这

[①] Houkes and Vermaas（2004）、Houkes and Meijers（2006）。

[②] 最近有一些对一般形而上学中似乎激烈争论的不同文献收录在文献（Rea，1997）中。

一点上是相同的，尽管它们有着其他标志性的不同点，这种假设就是功能可以被视为人工物的本质。[①]

我们的论断是：将人工物使用和设计的现象学融入人工物理论，严重违背了对功能本质主义的承诺。这种现象学的论据是可以展开的，这是通过简要总结本书的前几部分——2.7 节和 5.3 节——它们论述了将使用归类成恰当使用或合理使用来实现的。

我们在本书中一直认为能够分析日常人工物使用的这些显著特征，这是通过直接考虑使用和设计，并从执行和建构的使用计划方面来描述这些活动的。这个面向行动的方法，通过求助使用计划的标准和某些设计者的社会作用，解释了对使用的不同评价。用这种方法，我们在概念上区分了合理使用和恰当使用，也表明了这些概念是如何能够相关的。

我们不会在这里重复该使用-计划的主张所胜任的现象学的诸多方面。在这方面，我们目前的观点是它胜过了将技术功能视为最基本概念的论述。例如，假设这种主张仅仅区分了适当功能和偶然的特征；正如我们已在第 3 章中见到的那样，许多功能都是如此。在这个分类中，吸尘器外壳的颜色、开启时发出噪声及日光下投射出影子都是这种人工物的偶然特征，尽管有些或许和清理地板灰尘的这个适当功能相关。在某种程度上，如果这种主张补充了一种恰当的机制，把特权给予某项所谓的性能，这或许能充分体现恰当使用的概念。然而，在替代使用方面会遇到麻烦。其原因是两种特征之间存在直觉上的区别，第一种特征被使用，尽管不恰当；第二种特征根本没用于实际目的。

因此，功能本质主义者至少需要一个三元类型学，它区分了性能和功能，并在此基础上识别出一些必要的、适当的功能。这或许是自然的举动，但它并未带来现象学的充分性。因为在这种主张中，似乎所有评估工作必须由适当功能的概念来完成。而对于适当性的要求至少能够用功能术语来充分体现，它们将恰当的使用描述为与恰当使用人工物"相一致"的使用。但无论这个比喻描述的优点是什么，它使得合理使用的概念没有被分析，而我们把这个概

---

① 功能本质主义的样本表达是："人工物被聚集……在功能描述之下，这些描述对特定构成以及与环境互动的特别模式完全漠不关心。一块钟表是任一守时的装置，一支笔是任一严格用墨水来写字的工具等。"（Wiggins，2001：87）"使得某物成为钟表的是它报时的功能，无论它是什么材料做成的"（Baker，2004：100）"……使得两件人工物成为同一类别的是它们实现相同的功能"（Kornblith，1980：112）。这些引用表明功能本质主义与那些认为人工物只有名义本质的人（Wiggins，Schwartz（1978）和那些相信人工物具有真正本质或"根本属性"的人（Putnam（1975：162），Kornblith，Baker）的一个根本差别。技术人工物的适当功能是它们本质的一部分，这种立场被埃尔德（Elder，2004，2007）所辩护。

念视为我们的现象学中主要的评价概念。我们的主张使得使用计划的标准以及使用和设计之间的相互作用得以存在，但这些资源明显探讨的是行动而不是功能。

　　功能本质主义者或许声称专业设计、重新设计和其他活动的相关标准和分析能够转化成"功能对话"。但在那一点上显露出一个模式。一方面，以行动为代价，通过一贯地强调功能来描述这种现象学当然是可能的，因此省下了之前功能本质主义的承诺。另一方面，通过这种系统的重构来建立这种观点似乎是没有希望的。更确切地说，将基于行动理论的词汇和分析重复地转化成功能对话，表明前者比后者更为根本。有人对完善的功能理论寄托在人工物的使用和设计之上表示怀疑，而消除对此怀疑的唯一方法就是建立对功能本质主义的承诺，其依据不同于我们在前几章所考虑的使用和设计的现象学或者完全独立于这种现象学。我们在第 3 章中表明了现有的功能理论是基于像功能偶发性失常的现象以及恰当使用和不当使用之间的区别。因此，这些理论的现象学基础是我们对使用和设计进行分析的一部分，并且只是一小部分，这使得前面的选择极为不可能，而后面的选择不用考虑现象学就建立功能本质主义。鉴于我们自己的现象学出发点，这种方法似乎没有吸引力：它将人工物的分析从有意向的主体对它的参与中分离出来，这首先就要求这些实体存在并对其进行描述。①

　　鉴于我们自己的功能归属理论，功能本质主义者通过转化基于行动理论的概念和主张来融合现象学的这种持续需要并不新奇。这一理论并没有将恰当和可能的功能视为人工物的简单属性，而是视为主体归属给人工物的性能，并与该人工物的（据说是合理的）使用计划以及大量证据相关。如果这确实是现有技术功能唯一完善的理论，就可以立即断定"功能"不是描述人工物最基本的概念。既然我们的理论用给予行动理论的、认识论的和结构的术语来描述功能归属，它暗示了将每个基于行动理论的主张转化成功能术语是可能的，而将功能术语转化成基于行动理论的术语则是必要的。因此，我们对功能归属的分析

---

　　①　功能本质主义者或许求助的直觉的一个可能来源，似乎独立于人工物使用和设计的现象学，即与不同环境下人工物持续性相关的直觉。实际上，像贝克和威金斯这样的学者经常会考虑这些问题，比如会认为雕塑被砸成碎片时明显会不再存在；例如，参见 Baker（2000：37-38）对直觉的论述，它涉及被拆除的庄园、化油器和卡拉奇的《逃往埃及途中的风景》的持续性。我们相信关于人工物持续性的直觉最终可以基于关于修理或重新装配它们的可能性的直觉。当钟表被砸成碎片时就不再存在，但被一位仔细的、有能力的钟表匠拆卸时却继续存在。因此，甚至这些直觉也来源于我们对人工物的实践参与，而不是更深层次的、全新的源泉。

逐渐削弱了功能本质主义，破灭了这一神话[①]，于是具有讽刺意味地降低了它本身的地位。很明显，当随意地远观技术的功能时，它看起来更好些。

让我们就这个问题举一个例子：人工物的功能本质主义的形而上学密切接触了人工物使用的现象学。这个例子涉及了构成性理论，它由琳·瑞德·贝克（Baker，2000）提出来作为一般的形而上学理论，并应用在最近的涉及人工物的论文（Baker，2004）和著作（Baker，2007：ch.3）中。尽管这是发展人工物构成性理论的一种可能的方法，但在这里我们把它视为我们的参照物。我们首先总结贝克的人工物形而上学，然后从它对功能本质主义的明确承诺中导出问题。

按照贝克的说法，构成是材料世界的黏合剂。这个概念要描述中等尺寸的或日常的物体和材料的聚合体之间的几乎所有形而上学的关系。构成被认为是种类根本不同的事物之间的关系；它不是打折扣的恒等关系。实体能够被黏合在一起之前，必定是碎裂的。贝克这么做的方法是通过决定物体的主要种类："每个物体本质上有其主要的种类，主要种类不同的实体有着不同的持续条件。构成是主要种类不同的事物之间的关系。"[②] 因此，决定物体主要种类的关键，即它基本的本体论类型，就是研究它的存续条件。[③] 除了这个主要种类的概念，构成性理论还采用了情境的观点：某种给定主要种类的事物本身不构成另一种类的事物，但只是在某些情境下。通过这种方法，在特定安排下的水分子构成了河流，展览会上所展示的帆布的颜料构成了绘画。[④]

贝克已把这个普遍观点应用在了人工物上。她将人工物的物质基础描述为一个聚合体，这意味着它的同一性条件被其部件的同一性条件耗尽了，它的主

[①] 功能本质主义不是唯一的哲学神话。在认知科学中，它由布鲁姆（Bloom，1996，1998）支持，他主要从作者的意向角度，而不是从实际的或潜在的有用性角度分析技术功能。为支持该观点，马坦和凯瑞（Matan and Carey，2001）报告了一项实验，其中要求主体基于人工物的预期用途和使用人工物的替代方法的信息对人工物进行分类。通常，主体愿意基于预期用途而不是替代用途进行分类。然而，它没有支持功能本质主义，这表明了主体是基于人工物用途的信息对人工物进行分类的：即使他们使用功能术语，关于恰当使用和替代使用的判断最终会处于危险境地，功能会基于这一点进行归属。因此，这个结果承认了我们反对功能本质主义的现象学论据，而不是确认了后者。

[②] Baker（2004：100）。

[③] 这些事物不需要用结构的或几何的术语来构想：贝克允许甚至推荐从因果性能和功能的角度确认物体。构成意味着将事物和不同的因果力量相联系；如果不这样，那些认为实体是由它们的因果力量进行区分的人会总结出构成是一种同一性关系，而这是贝克绝对否定的。另外，归属于构成物体的这些因果力量应当稍微宽泛地想象，例如，贝克重复使用旗帜使老兵哭泣的性能作为例子。

[④] 构成性理论的另一个要素对我们的目的不是那么重要，它是具有属性的两种方法之间的区别，即"本质上的"或"衍生的"。直觉上，一些属性由高阶对象和它的材料基础所共同占有，例如，如果普通钟表的机械装置产生了很大的滴答噪声，那么钟表就是这样。在构成性理论中，这种装置本质上具有这种属性；如果不改变其本身，就不会停止发出噪声。该钟表只是衍生性地具有该属性；修复它或许会使它停止滴答，不必使它报废。再者说，诉诸这些关于对象持续性条件的直觉就是用来解决该争议的。

要种类是混合型的，或者更确切地说，是一系列不同主要种类的组成部分。例如，锤子的材料基础是木头和钢的聚合体，如果任何一个部分被损坏或替换就不一样了，从木头和钢的角度来描述是最为简洁的。然而，人工物本身有一个不同的、更为统一的主要种类，即它的（适当）功能，"由它的设计者和/或生产者的意向决定"。① 总结贝克自己的构想，对象 x 是人工物，当且仅当：（人工物 1）它有一个或多个设计者 d——很可能是我们类型学中的产品设计者——他们的意向部分地决定了它的适当功能，并且 x 的存在取决于他们的意向；（人工物 2）x 由合适的聚合体构成，由 d 选择或安排以实现 x 的适当功能。

对人工物 x 属性的这个分析补充了构成 x 的聚合体 a 的两个条件以及 a 构成 x 的情境特征。聚合体 a 是合适的当且仅当：（聚合体 1）a 包含足够的结构合适的物品使得 x 的适当功能得以执行；（聚合体 2）a 中的物品以一种使得 x 的适当功能得以执行的合适的方法可用于装配。② a 构成 x 的情境不能被精确地、详细地说明，但是在众多情况中包含这种情形，就是将 a 置于精通技术的人的面前，他们便会从容不迫地、成功地通过操作 a 来开始创造 x。

那么人工物构成性理论的核心定义就表示为：a 在时间点 t 构成了 x，当且仅当在有利于 x 的情境中 a 和 x 于时间点 t 在空间上同时存在。对于上述聚合体 a 中的条件、人工物 x 和利于 x 的情境，贝克增加了两个模态条件，它们强调了情境的重要性并引出了 a 和 x 之间的不对称：有利于 x 的情境中任何不同的聚合体必然构成和 x 的功能类型一样的人工物（比如一个更大的锤子）；a 或许不会构成一个锤子，即在不利于锤子的情境中（比如在至今尚未被发现的小行星上）。

从直觉上讲，当人工物获得了次要的或替代的适当功能时，构成性理论的这个功能本质主义的应用就会出现问题。例如，再次以阿司匹林为例。正如我们经常讨论的那样，阿司匹林药片中的活性成分乙酰水杨酸最近吸引了药理学

① Baker（2004：102）。
② 诉诸"适用性"意味着人工物的这个构成性理论在处理功能失常的论断时有问题。有一些情况没有被分析成由"人为故障"造成的，人工物似乎就功能失常了，因为构成它们的聚合体不适合实现人工物的功能。飞机坠毁，笔没有墨水了。简单地声称一个合适的聚合体构成了人工物是没有吸引力的，但仅有的替代方法是说，在工程师和潜在使用者的论断面前，这个不合适的聚合体根本没有构成人工物。修改这种构成性理论似乎是合理的，考虑到了在 5.3 节中论述的功能失常论断的规范性内容。可以让决定一个聚合体是否是合适的条件指涉意向主体的信念，无论是设计者还是使用者，而不是指涉那些存在争议的聚合体的实际属性。Baker（2000）所论述的原始构成性理论提供了这种可能性，然而这里所讨论的她后来对人工物的应用却不能提供这种可能性。然而，这种原始理论有不足之处，即高阶对象和它的材料基础之间的关系主要取决于，甚至只取决于情境：聚合体没有适当性的条件，这似乎是难以置信的自由。

家的注意，这是由于它除了镇痛退烧之外还有很多有益属性。许多这些所谓的效果，如防止不同形式的癌症发生，还有待审查，但已确认的是阿司匹林会阻止血液凝块的形成。其实，这种药目前开给心血管病患者，他们通常需要服用含有少量乙酰水杨酸的药片。假设一个把阿司匹林视为处方药的人去拜访朋友，他突然想起今天忘了吃药。他并没有回家，而是问他的朋友是否有阿司匹林。他的朋友从药箱中拿出了一包药，给了他一片，这种药是她前不久买来当止痛药用的，但还没有用过。因为这包药里的阿司匹林含量很高，它里面的药片似乎理所当然就构成了止痛药，即有着缓解疼痛这个适当功能的人工物。但因为该客人把它作为血液稀释剂来代替他的处方药，似乎这个特别的药片也成了一种血液稀释剂。那么在没有开封的药包中的止痛药发生了什么情况？它在被用作血液稀释剂的过程中不复存在了吗？如果是这样，那么是在何时呢？或者是该药片在这个过程中的某个时候获得了一种新的适当功能，并同时构成了止痛药和血液稀释剂了吗？药箱中的所有药片都构成了两种人工物吗？

或许有人回应说乙酰水杨酸的含量使得该聚集体既适合作为止痛药，也适合作为血液稀释剂，但它的高含量使得它更适合前者的角色；因此，设计这种药物的药理学家已选择了这个特别的聚集体而不是含量低的药物，后者更适合作为血液稀释剂。两种功能之间的对称于是就被轻松地恢复了，然而，如果我们假设，与事实相反，作为止痛药的阿司匹林和作为血液稀释剂的阿司匹林包含完全相同剂量的乙酰水杨酸，或者如果我们想象一种阻止结肠癌的新处方药包含和原有的作为止痛药的阿司匹林有着相同含量的乙酰水杨酸。如果我们的例子在这个可能的世界上重新制定的话，那么声称这等同于作为止痛药的阿司匹林的非标准使用甚至是不恰当使用，显然是违反直觉的。

在这其中的任何一种情况，一旦承认所有的阿司匹林药片都具有两种适当的功能，那么贝克的人工物构成性理论就导致药片构成了两个功能物体：含有特定剂量乙酰水杨酸的一个聚合体，与主要用于止痛这一类的物体以及主要用于阻止血液凝块（或者是结肠癌）这一类的物体相符合，但不等同。我们认为在这种"本体论的叠加"中有些事情显然不引人注意，这其中两个明显的功能物体在空间上同时存在；比如说，两个人工物之间的关系一直是未知的。在这个特殊例子中，没有任何关于数字三的神圣含义；多功能的实物可以构成许多独特的人工物，可能多得数不清，它们都有着不同的功能本质。①

---

① 分层没有解决这个争议。在阿司匹林的例子中，假设某人声称给生病客人的血液稀释剂构成了止痛药，而其本身是由含有乙酰水杨酸的药片构成的。然而多么精妙，这个本体结构导出了违反直觉的结果。根据贝克（Baker，2000：45）的观点，构成的关系是传递性的。在当前的例子中，药片会构成血液稀释剂，然后血液稀释剂构成止痛药，但药片却不构成止痛药。

贝克完全承认这一点。在评论先前的一个和该论据略有不同的版本时，[①]她通过表明人工物有着析取的本质（Baker，2006）来反映多功能物体为她的构成性理论所制造的难题。这意味着在上面的例子中，所有阿司匹林药片构成了一个功能对象，它有着止痛或者阻止血液凝块的基本性质。

尽管这会给人工物赋予独特的本体论地位，但它破坏了它们的形而上学的名声。遵循着亚里士多德和几乎所有的西方形而上学，包括贝克她自己的，如果一个基本特征是"最基本的是什么？"这一问题的答案，那么析取的本质就是矛盾修饰法了。以这种方式进行形而上学思考所固有的绝对主义，没有留下质疑的余地。因此，人工物可能会没有本质：功能不具备资格，这会导致多重人格错乱，对功能本质主义的承诺意味着没有其他候选者可提供。因此，功能本质主义或许会自然地导出经常与范·因瓦根相关联的"人工物虚无主义"。[②]

7.3　计划的相对主义

在 7.2 节中，我们批评了将功能提升到至关重要地位的人工物哲学，认为它们使得人工物成为形而上学方面不可靠的一类物体。

这就提出了问题"如果人工物不是主要的功能物体，那么它们是什么？"在本节中，我们将概述人工物的形而上学，它认真对待了本书中所采用的使用-计划方法：它把人工物定义为嵌入使用的计划中的物体，即作为有用物体，将第 2 章的行动理论词汇提升到至关重要的地位。我们研究这个定义的一些结果，然后在 7.4 节补充另一个关于人工物的直觉。

因此，让我们尝试着从前几章的分析中得出有关人工物的定义。在那里，我们分析了诸如"使用""设计""功能"的概念，我们这么做是基于"人工物"原始的概念，例如，使用的计划一般区别于计划，因为它们包括了对我们自己身体以外至少一种实物的操作。通过这么做，我们使自己的核心概念应用于哪些物体保持开放状态。然而，也可以用我们对使用和设计的描述来含蓄地定义"人工物"。使其明确导出：

人工物的一个"有用材料"的定义：物体 x 是人工物 a，当且仅当在执行一特定使用的计划 p 的过程中 x 被操作，而 p 是按照对使用和设计所进行的使用计划分析来设计、传达和评价的。

---

① Houkes and Meijers（2006）。

② 范·因瓦根（van Inwagen，1990：111）坚持认为，对人工物的参照应该重新构想为对简单的"人工物智慧"安排的参考。

因此，淡水、自来水（x）在生产核电（p）的情境下是冷却剂（a），而在洗头（p′）的情境下便是清洁剂（a′）；钢片和塑料片在盖园艺棚时是螺丝刀，在开苏打瓶时便是开瓶器；不同材料的复杂配置在飞越大西洋时是一架飞机，一旦报废并展出时便是博物馆藏品。在这个诠释中，这不再是一个我们的理论是否应用于人工物以外的其他物品的问题：它所应用的每个物体从定义上都是人工物。这一理论因此至多能用于区分作为一类物体的人工物和那些没有嵌入使用计划的其他类型的物体。

将这一定义展开为"基于计划的人工物形而上学"的一种方法，是将它置于7.2节所讨论的构成性理论中。正如我们所认为的那样，贝克将构成性理论应用于人工物的失败在于对功能本质主义的承诺，但刚刚给出的定义则建议其他的应用，尽管那里不需要一些重组的变量。在包括正当信念的情境中，一个聚合体可用来构成人工物，这个正当信念是关于使用计划的功效，以及通过聚合体的性能对这个计划的物理支持。然后，从贝克构成性理论的角度重新对上述定义进行措辞，聚合体 x 构成了关于使用计划 p 的人工物 a，当且仅当：（人工物 1）p 包括将 x 操作视为实现目标状态 g 的步骤之一；（人工物 2）p 的设计者 d 选择、安排或生产了 x，使其成为有助于他们实现 g 的意向的一部分，并且他们传达了 p。

建立人工物形而上学的这种方法，引出了我们建议的计划的相对主义。阿司匹林药片（x）在先前使用计划（p）的情境中会构成止痛药（a），而通过服用一定量的阿司匹林（操作 x）这一计划起到镇痛（g）的作用；相同的聚合体（x）在另一个新设计的并被传达的使用计划（p′）的情境中则构成了血液稀释剂（a′），而通过服用不同剂量的阿司匹林（再一次操作 x，现在这是不同的行动），该计划起到阻止血液凝块（g′）的作用。在这个观点中，一个药片可以构成一种人工物，即止痛药，直到在执行另一个使用计划的过程中它被操作，即当该药片被服用日常剂量的心血管病患者从药包中取出，然后止痛药就不复存在，而产生了血液稀释剂。

用这些术语来表述，我们的定义提供了讨论人工物的存续条件的框架。这些条件与这些人工物的使用计划以及这些计划中操作的聚合体相关；因此，可以说它们一方面涉足意向领域，另一方面涉足材料领域。① 某一人工物的结束和另一人工物开始的地方并无太大意义；事实上，我们的定义表明划分这种界

---

① 托马森（Thomasson，1999）将她自己置于传统中，至少回溯到胡塞尔的《逻辑研究》，她提出将相依关系分析成一般的形而上学的框架。在本节和 7.4 节中的思考，为人工物发展了相依关系的一些细节，这种方法似乎和托马森的一般方案相容，也同她认为人工物既依赖心灵状态也依赖物质对象的观点相容（参见托马森（2007a，2007b））。

限或许像查明计划之间的不同之处那样对情境敏感。例如，有人或许倾向于说执行关于聚合体 x 构成 a 的使用计划 p 一旦变得不可能（或者至少通常是不合理的），那么人工物 a 就不复存在了。车祸中撞得无法修理的汽车不再是一辆汽车，而只是变了形的钢和塑料的聚合体。类似地，当闻起来清新的白色聚合体从管里挤出来并用于涂在墙上的小裂缝上时，它不再是牙膏了——假设没有哪个头脑正常的人还会这么做——它却变成了填充物。两个例子中，人工物的持续存在与通过实物的手段来实现目标密切相连。这使得人工物的形而上学部分成为现实所关切的事。

这表明以计划为中心的人工物形而上学是如何发展的。在本节的其余部分，我们探讨它的一些结果。所有这些结果或许分别用来表明该形而上学的荒谬；然而，我们将尽可能地推迟评价，即直到本节的末尾。

上述人工物有用材料的定义的第一个结果，是使在原则上区分人工物和自然对象变得不可能了。至少从亚里士多德开始，自然和技术、自然和技艺、自然物体和人造物体之间的区别，已经是对人工物的所有哲学思考中的重要部分。此外，这个区别似乎表达了某些深层的，但和文化相关的价值观：把某个事物称作"自然的"或"人造的"，并不表达或者不仅仅是表达某种事实，但或许也起着建议或怀疑讨论中的物品的作用。如今，至少在荷兰，"人造的"经常带着否定的内涵，人们要宣传食物只包含天然香料，衣服含有纯天然材料的可取之处，"人工智能"的前景使许多人充满恐惧。30 年前，这些否定的内涵以及占据支配地位的机器人和自我复制的机器的相关噩梦般的情况，很少是直言不讳讲出来的，甚至是整体缺席——正如对科幻电影和小说粗略的了解所表明的那样。

以计划为中心的人工物形而上学难以融合这些直觉。一旦存在设计好用于传达的正当使用的计划，并且其中的对象被操作，那么根据定义那个物体就是人工物。这不仅仅使得在自然物体和人造物体之间划出固定的分界线变得不可能，在任何地方划出分界线实际上也变得困难。通过在森林中开出一条小道来改造森林，或者有意向地把山脉作为通信系统的一部分，就把这些物体转变成了人工物。甚至木星都是人工物，因为它被有意向地操作来加快对我们行星系之外各个行星之间的探索。因此，关于人工物的计划相对主义引出了难题：要么我们把几乎所有的物体视为人工物，不给自然物体留下空间，① 要么我们消

① 这个泛人工物主义不是没有先例。在《关于技术的问题》中，海德格尔使用莱茵河中的水电站和其他例子来表明所有的对象都是"持存物"（Bestände），处在一个叫做"座架"（das Gestell）的包容世界性的、不可逃脱的技术系统中。因此，海德格尔似乎采纳这样的事实，即某种事物作为将其看成技术系统一部分的标准——这遵循着和我们人工物的计划的相对主义形而上学一样的路线。

除自然物体和人工物物体之间的区别，并试图设计出其他类别（如"临时的"或"永久的"；"使目标可能的"或"有助于目标的"；"自我复制的"或"被生产的"）以融合我们的直觉。既然后者似乎不可能，尽管不在本书的范围内，这个难题并没达到驳倒以计划为中心的观点。

另一结果也出现相同的情形，它与运用形而上学的一个不太直观的方法有关。分析的形而上学中目前可能存在的大多数方案，某种程度上重构或设计了里面所表达的日常用语和直觉。付出这个代价是为了实现对人工物进行更为严格或过于吝啬的分类。对这种严格分类的支持者，或许不赞成我们的方案中提到的人工物没有清晰精确的同一性标准这一事实；在这方面，它们会继承使用计划的模糊性。当我们在第 2 章介绍了"使用的计划"的概念时，我们列出了可以区分使用计划的一些方法，即凭借具有不同的目标状态、相同行动的不同排序和被操作的不同物体。① 我们承认这些标准远不能详尽无遗，它们或许是相关的，并且它们的应用对情境是高度敏感的。当人工物从它们被操作的使用计划方面定义时，它们同样会是不确定的。比如以 2.2 节中的茶叶包为例。假设某人将茶叶包放在茶水中上下搅动来快速地沏杯茶，而其他人将其放入茶壶中让茶叶泡一会再倒入茶杯。这些计划中包括的行动似乎很明显，足以将它们区分开。但是我们是否应该将计划中操作的茶叶包看成不同的人工物，则是不清楚的。人们或许将答案建立在他对恰当使用的直觉能力上，或者建立在他对执行计划而得到的茶的质量的信念上，但不可否认人工物的同一性标准会变得混乱并对情境是敏感的。

然后，奎因（Quine）的论断"不存在没有同一性的实体"，在这里可以被引入发挥其惯常的强有力影响：如果寻求去定义实体的类别，但是要表明该类别中的两个实体何时相同却没有成功给出精确的标准，那么就应该拒绝这个定义，或者说所寻求的类别在本体论上是可疑的。② 因此，和计划相关的人工物的声名因其模糊性而受损，它们由于结合了精神属性、事件和数字（提到但很少），成为哲学史上本体论清教主义最无情的规范之一的受害者。那些赞同奎因的物理主义和不相信抽象物体的人或许认为这个项目类似于修剪蓬乱的胡须而不是屠杀。其他人或许总结出奎因的论断为形而上学的严格难以取得的理想牺牲了太多真正的实体，他们因此或许不会反对像与计划相关的人工物这一类

---

① 关于本节中讨论的以计划为中心的人工物形而上学，要以迂回为代价，在使用计划中的不同或同一性标准中列出"使用的人工物"，是不可能的。

② 奎因的标准在关于事件、行动、心灵状态和其他抽象物体的争论中被广泛接受；对于这一标准的缜密辩护，见 Lowe（1995）。

模糊物体。我们只是注意到它们的模糊性并继续进行探索。

在这里所研究的以计划为中心的人工物形而上学的第三个结果，是"人工物"的概念失去了任何绝对的表象。在本书中，我们已经强调了使用的计划的多样性，在以缩略形式和加括号形式等的日常使用和专业使用中可以找到它们。此外，我们强调了每个主体都能成为设计者的事实，尽管只有一些设计者可以被社会认同是如此。从认识论或基于行动理论的角度看，使用的计划的这种多样性反映了能以多种方法来使用物体的自明之理，即它们可被操作用于各种目的。然而，当用关于人工物的形而上学论点表达时，同样的多样性导出了如下观点，在一个使用的计划和一组使用者方面，对象是某个人工物，而在另一个使用的计划和另一组使用者方面，对象则是不同的人工物。对于物体是何种类型的人工物，这个问题是没有唯一的正确答案的：某人的螺丝刀对另一个人来说则是开罐器。

这种相对主义通过诉诸恰当使用能够得到稍许缓解。只有一些设计者在社会劳动分工上被认可；因此，一些使用的计划享有特权并在可能性和要求的网络中发挥着作用，正如在 5.3 节中所简要表明的；其他的使用计划只是包含使用的建议。正如我们之前表明的，将一个物体归类成一种人工物的样本或许是一种方法，来表达某一特定的使用计划在所有已知的有效计划中是恰当的。

这对人工物的多重属性进行了限制，例如，可以说螺丝刀不是颜料罐的开罐器，即使它用来这么做。然而对于其他物品和情形，相对主义仍然是泛滥的。这对于非常大的或时间上延伸的物品来说最为明显。例如，莱茵河在某些地方被恰当地用作冷却剂，这是在不允许人们在河里游泳或钓鱼的意义层面上使用的；在其他地方，它被恰当地作为游泳用水，但不可以用于潜水或排放工业废料。在所有的例子中，都存在法规和责任，它们与恰当使用的论断所创造的网络中的那些情况极为相似——这表明我们不妨说在一个地方莱茵河被设计成冷却剂并被恰当使用，而在另一个地方被设计用于娱乐目的并被恰当使用。类似地，古老的建筑存在期间，它们的恰当使用或许多次更改过，或许也不清楚这是否意味着一些人工物是连续存在还是同时存在：罗马竞技场曾经有过不再作为竞技场的时候吗？科尔多瓦的梅斯吉塔是一座教堂，一座清真寺，还是仅仅一件精美的艺术品？或者前面提到的这些人工物是由不同的人群使用的？在所有的例子中，人工物属性的问题反映了使用的计划的变幻无常，河流和建筑的使用计划要比开罐器之类的"便携式的人工物"更加的不确定。但配有更多"功能性"的物品，如手机和文件整理器，同时会是许多事物：它们在很多确定的使用计划中发挥作用，然而如果它们的使用是非常开放式的，明显就找不到确定的使用计划。

这种相对主义不等同于一种归约。然而，它确实致力于关于人工物相对同一性的论点。两个物体可以是相同的 F 而不是相同的 G（这里 F 和 G 均是人工物类型），这种论点是否能长期维持、是否需要它，还是有待解决的问题。① 或许因此要准备勇敢地去面对。

然而，不考虑一般形而上学所进行的这个争论，我们以计划为中心的人工物形而上学的一个相关结果似乎令人迷惑。这个结果能够从使用计划的一些特征中获得，尤其是从实践的合理性角度对计划的识别（在 2.2 节中讨论过）。例如，一个计划中行动的排序不用损失其合理性就能够被改变，倒序中的一系列行动和原来次序是一样的。这引出了一个奇妙的现象，可以叫做"系统化解"。考虑一下在做早餐时或许使用的两个人工物：执行"复杂的荷兰式的"沏茶计划过程中所操作的茶叶包和烤面包片所操作的面包机，比如用第 2 章所描述的方法。这两个计划均被设计和传达（甚至标准化），而且从有效性和效率的角度看是不尽合理的。但是它们可直接被结合成同样有效而更有效率的做早餐计划中，这是通过利用两个使用的计划都包括等候期的事实：② 可以在茶叶包悬在热水中的时候烤一片面包，因为提取过程的发生不需要进一步的行动。如果早餐想喝茶、吃烤面包片，将两个计划的执行进行结合要比连续执行它们要节省时间。因此，从合理性的角度，可以将沏茶与烤面包片的计划，与有关沏茶的计划和有关烤面包片的计划两者区分开来；如果这两个计划不能简化为它们的部件的行动，③ 沏茶和烤面包片的计划就不能简化为部件计划。如果早餐想喝茶、吃烤面包片并读晨报，将这三个计划的执行结合成"欧式早餐"，则要比结合两个计划再执行另外一个更有效率。

凭借有效计划结合的这种现象，一些计划化解成较大的计划，这种现象从基于行动理论的角度看是有趣的，而且据我们所知它从未被研究过，④ 但很难

---

① 尽管这种舆论裁决仍要达成一致意见，可以公平地说少数人相信相对同一性是没毛病的。相对同一性的论点主要和吉奇（Geach，1967）相关，随后努安（Noonan，1980）加以辩护并受到威金斯（Wiggins，2001：ch.1）等人强有力的攻击。加巴兹（Garbacz，2002）最近为相对同一性论断的逻辑表示提出了一个方案，卡拉拉（Carrara，2009）评述了人工物相对同一性论点的结果。

② 这里，我们求助布拉特曼（Bratman，2000）描述的使用计划的另一个特征，即它们在时间上的延展。

③ 这个特征或许叫做计划的"规范的不可还原性"，比如波洛克（Pollock，1995：§5.2）就赞成这一点。

④ 计划、目标和人工物的结合使人想起海德格尔早期的"因缘总和"以及维特根斯坦晚期的"生活世界"或"实践"。尽管这些概念在直觉上吸引人，它们也是非常含糊和不确定的。以一种分析上令人满意的方式来分析这些概念所讨论的现象，对行动哲学和人工物哲学来说似乎将是一个巨大的挑战。

否认计划结合的实践相关性。这些结合不仅仅是个人设计的问题，而是可以传达给其他使用者并被标准化。例如，荷兰国家铁路公司通过展示人们在快速驶向目的地时舒适地读着书，来宣传火车旅行。抛开对诚实的质疑，这表明两个使用计划（旅行和阅读）可以有益地结合。类似地，看足球赛时吃薯片、喝啤酒是经常被传达的计划组合，尽管不是用褒义词。从基于行动理论的观点看，人们或许想知道效率是否是紧要关头中的唯一价值（一些组合，如薯片和电视的组合或许表达一种生活方式而不是对效率的关心），计划的组合在哪里结束或者变得太另类。

然而，一旦我们从以计划为中心的人工物形而上学的角度看待这种现象，它就变得令人迷惑而不是有趣了。在这种形而上学中，茶叶包、面包机和报纸被分别看成执行复杂的荷兰式沏茶计划、安娜烤面包片的计划和读晨报的简单计划过程中所操作的不同物体。所有这些计划被合理地，甚至是恰当地设计和传达，因此满足了在人工物有用材料定义中引入的条件，正如第 136 页所给出的。然而，欧式早餐计划正和三个单独的计划一样被恰当地设计和传达（或至少被标准化），我们已论述过执行它更有效率，因此比连续执行三个计划更合理。现在假设我们来识别和欧式早餐计划有关的茶叶包、面包机和报纸。既然这个计划就是不同于各自的计划，我们被迫承认其中所操作的人工物也不同于各自计划中所操作的人工物：如果计划层面的不同点不会在人工物层面的不同点中反映出来，那么我们以计划为中心的形而上学则是一场闹剧。因此，用于欧式早餐的面包机和烤面包的面包机就是不同的人工物。

然而，这是荒谬的。在直觉上，当人工物包含在系统中时是不分解的，①无论人工物系统在我们日常生活中多么重要。这种观点是基于对人工物属性的一种似乎难以舍弃的直觉；可能比对自然物体和人造物体的直觉更难以舍弃，后者这种直觉被公认为需要详细的解释。此外，不像上述讨论的其他结果那样，人工物的系统化解是人工物有用材料的定义和此前支持规划方法所采用特征的直接结果；因此，它似乎表明了这个规划方法的直觉界限，它表明作为（人工物）行动理论是有益的，但作为人工物的理论至少是不完整的。

不过，以计划为中心的人工物形而上学回避了功能本质主义的问题。鉴于它在我们使用-计划主张中的基础地位，在人工物使用和设计的现象学方面它并没有遇到问题，如本体论的叠加问题就困扰着功能本质主义者的人工物构成

---

① 直觉或许不会为人工物而汇合，因为一些人工物可以近乎合理地被视为一个系统的部分，而不是"独立的"物品。例如，计算机软件和硬件都能被视为相互完善或补充的人工物：操作系统是人工物，但没有台式机它是没有用的，而没有操作系统，台式机是没有用的。类似地，罐子和开罐器可视为"共生的"人工物。这种共生者和单一人工物的部件之间能否划分出原则性的界限，尚无定论。

性理论。形而上学或许不是其理论由它们的相对优点来判定的哲学范畴；然而到目前为止，接受计划的相对主义的唯一替代选择是接受关于人工物存在和属性的虚无主义。因此，在 7.4 节，我们用一种可以回避一些违反直觉的或其他难以接受的结果的方法，来检验是否能补充以计划为中心的人工物形而上学。

7.4　有用的和人造的材料

在 7.4 节中，我们简要考虑一种方法，来增加我们以计划为中心的形而上学的直觉魅力，即给它补充从人工物到人造物体的特征描述。① 一个引入产生的组合及其需要的方法如下。在导论中，我们提到了兰德尔·迪泼特的人工物理论，作为我们自己研究灵感的来源之一。然而回想起来，有人或许会反对说我们的分析和结果只是详细说明了迪泼特理论的一部分，也或许会说我们或多或少忽略了其余部分，讽刺性地包括了迪泼特的人工物概念。因为在他的书中（Dipert，1993），迪泼特区分了三个概念，它们的组合描述了人造物体的领域：器具、工具和人工物。② 这些概念应该定义互为子集的人工物类别：器具是用于实际目的的物体；工具是在其用途方面被使用和改变的物体；而人工物则不仅是在其用途方面被使用和改变的物体，并且表现出它们已被如此改变。如果我们的理论和迪泼特相比，我们似乎主要讨论器具而不是人工物。尤其是我们的设计概念没有包含对物理改性的指涉；尽管在 2.5 节中我们描述了这一"生成的"方面是产品设计中不可缺少的组成部分，但是我们明确地将产品设计介绍为唯一类型的设计。本书中的许多结论取决于设计的一般概念；如果没有它，合理使用和恰当使用之间的区别就会瓦解，我们对获得额外的适当功能的主张就会失败。在我们对设计和使用的主张中，使用计划的概念处于核心地位。尽管我们和迪泼特分享了对传达的强调，这种传达的内容是使用计划，并不是人工物在某种方式进行物理上的改变使其得以使用或促进使用的事实。因此，第 148 页"有用的材料"这个定义，在全书中明确了我们关注的是器具而非人工物或工具。

这表明我们人工物的形而上学可以有益地补充生产的观点。但是我们首先

① 将人工物描述成人造物体，在希尔匹伦（Hilpinen，1992，1993，2008），尤其是 Hilpinen（2008）对人工物的分析中，是一个核心出发点。

② 迪泼特（Dipert，1995）构想了一个类似的区分，但是从属性的角度而不是物体类型的角度进行措辞。主要原因是迪泼特的描述中，器具、工具和人工物的区别不能被视为绝对的。大概是为了避免物体的相对同一性论点，迪泼特从属性的角度重新构思了他的特征描述。既然我们将相对同一性视为非致命结果，我们不急于采用迪泼特的重构。

表明我们不能只是用其他定义替换有用材料的定义，并且再结合两者。

把人工物最直接地定义为人造物体，有如下定义：

人工物的一个"人造材料"定义：物体 x 是人工物 a，当且仅当 x 已被主体 m 有意向地生产。

需要指涉意向来避免一些违反直觉的后果，如将汗水和煤烟灰之类的废品归类成人工物；其他要素似乎相对地不成问题。然而，这种外表是欺骗人的，这个定义至少有两个主要问题。

首先，如果描述人工物的特征只是基于它们的起源，即生产它们的历史，那么就不能解释使用人工物的丰富的动力学。一些人工物，像阿司匹林，获得了与原有用途和谐共存的新用途。在其他例子中，新用途替换了原有用途。这个替换可以是渐进的——盔甲从保护装置演变为纯礼仪性的；或者它可以是突发性的——根据罗马天主教和伊斯兰教法典，当某些（未指明的）亵渎神明的行为发生在教堂、清真寺或宗教仪式所使用的对象上，它们由于被亵渎，不再用于原来的目的。人工物的人造形而上学排除了先验情况，即人工物使用的改变或许导出它们属性的改变：人工物的最初生产彻底地决定了它的属性。[①]

其次，保留人造物形而上学和以计划为中心的人工物形而上学在直觉上的不同点的方式，是难以展开人造物形而上学的。为了说明这一点，如果用构成性理论分析"有用材料"的人工物，主体在执行使用的计划时一旦有意操作物体，具有至少一种新的必要因果属性的人工物便会存在。物体是否先于这种操作存在并没有关系：人工物，而不是构成它的聚合体，是由使用的计划中的组成部分创造的。例如，阿司匹林的例子是从乙酰水杨酸聚合体的角度来分析的，这种聚合体构成了一个计划中的止痛药和另一计划中的血液稀释剂；然后可以说当创造血液稀释剂时止痛药就不再存在了。既然人工物的人造材料定义并没有提到物体的物理改性，也就是说没有发生不体面的事情，它和以计划为中心的形而上学是相容的，因此没有给它提供真正的替代。[②] 然而，将生产或

---

① 一个类似的批评，针对只从作者意向的角度来描述人工物的功能的理论，已被普雷斯顿（Preston，2003）构想。

② 关于"人工物的人造形而上学"的这一观点，可以用希尔匹南对人工物的分析来阐明。在 Hilpinen（1992：61）中，他陈述了如下的人工物条件："一个对象 o 只有满足了产生 o′ 的意向 I_A 中的类型描述 D，并且它随后增加了如下条件，即人工物的一些属性应当反事实地依赖于主体的意向，该物体才是由主体 Ag 制造的人工物。"在以计划为中心的人工物形而上学中，相关的类型描述 D 可用来指称目标状态，执行使用计划应当有益于该目标状态（例子是"漂白剂"、"集装箱"或"导体"），"有创造力"的意向 I_A 可视为以设计为中心的核心意向，即有助于其他主体实现其目标，依赖意向的属性则是构成人工物的任何新的因果力量（这里再次强调，从构成性观点看，至少是其中之一）。那么，希尔匹南的条件可以表达以计划为中心的形而上学，而不是将人工物设想成与之不同的人造材料。

制造的一个"亲身实践的"恰当概念进行展开也绝非易事。如果要求从原材料生产人工物，老式的漂流筏或其他任何的组装产品就不是人工物了。或者，如果生产意味着物理上改变某物以用于实际目的，那么通过使用木星来加快对各个行星之间的探索，它就再一次变成了人工物，因为该用途影响了木星（尽管是非常微小的）。从贴近家庭生活角度看，对人工物的每一次使用都会导致磨损，这引出很多种和使用相关的物体的物理改性。此外，既然懂一些基础物理知识的人应该意识到这些变化，它们某种程度上是意向的作用。它们是副作用，甚至可能是可以忽略的作用，而不是生产或使用的目标，这当然来自相关的观察结果，但要对它进行详细说明，则需要区分那些与生产过程相关的和不相关的意向。这种区分牢牢地抓住了一条路径，它从天真的意向主义理论导出使用计划角度的分析；那些对追溯该路径感兴趣的人在阐述前或许想参考 3.2节。我们猜测对生产的一个可持续概念的展开导出了我们对产品设计的概念，它是一般的设计理论的一部分，也避免了人造物形而上学的首要问题。因此，我们总结出只将人工物描述为人造材料的做法，导致了致命的问题或陷入了以计划为中心的方法。

不过，将人工物描述为人造材料有一个显著优点：它似乎为区分人造物体和自然物体提供了基础。关于使用的计划的信息，尤其是恰当计划或标准计划的信息，或许需要它们把人工物描述成一种类型的记号，但我们之前看到使人工物属性和计划相关，要冒着消除自然和人造之间区别的风险。将某物描述为人工物而不是人工物的类型的记号，似乎是绝对的事情，它不在主体间变动或随时间变化。一个人可以增加区别人工物和自然物体的能力，但将这个区别和其能力相关便是违反直觉了。将人工物描述成人造材料提供了必要的绝对主义。在这个特征描述中，物体在原有生产中变成了人工物：如果它被人类有意向地生产出来，那么它在每个地方对于每个人总是人工物。这个绝对主义不只是直觉的问题，因为人们似乎非常擅长识别人造材料，而这种识别似乎很大程度上独立于时间和文化：人们能区别石器时代的人工物和岩石，能够将其他文化的产品识别为人工物，即使他们不知道它们是用来做什么的。[①] 知道某物是

---

① 认知科学中实验的一些结果证实了这一点：格尔曼和布鲁姆（Gelman and Bloom, 2000）报告说，当孩子们和成人得知一个物体有意向地被创造，而不是被告知该物体是偶然过程的结果，他们都更可能将它归类成某种人工物。格尔曼和布鲁姆认为这支持了人工物具有功能本质的论断；我们宁愿说关于生产一个物品的信息只会导致主体总结出它是一件人工物，并且他们将它归类成人工物的类型的记号，或许是由于实验设置的结果。一般来说，人们不必为了将一件物品归类成人工物，而将它归类成人工物的类型的记号。

人工物在某种程度上与知道它能用来做什么是不同的。

这表明了有用材料的定义和人造材料的定义的结合。后者在某种程度上以适当的绝对主义方法起着区分人工物和其他类型物体的作用；然而，它不能用于区分人工物的类型。前者是能用于描述人工物的类型，尽管以一种对情境高度敏感的方式；但是在区分人造材料和自然材料上表现很差。因此，这两种观点是互补的：将人工物描述成人造物体，或许被用来界定功能归属理论的应用领域，其中人工物的类型就能被含蓄地定义出来。这在人工物的类型层面保留了相对主义，但使得人工物和自然物体之间更为绝对的区分成为可能。用这种方法，更多的直觉或许会融入组合的，而不是单独的一个观点。

人工物的双重定义：物体 x 是属于类型 t 的人工物 a，当且仅当：①x 被主体 m 有意向地生产；并且②在执行一特定使用计划 p 的过程中 x 被操作，该计划的设计、传达和评价与对使用和设计的使用-计划分析相一致。

这一方案包含了一些概念，它们应该详细地加以分析。其中的一个主要难题是两个条件不能被利索地分开。和自然物体以及其他可能的类别相比，认为第一个条件决定了人工物的领域是诱人的，而认为第二个条件在人造物体的更广阔领域内决定了人工物的类型也是诱人的。应该抗拒这种诱惑，因为发展人造形而上学的麻烦表明：以一种它融合我们对人工物直觉的方法发展意向产品的概念，相关的（设计者或使用者）意向应该加以详细说明，并且有充足的理由假设这一详细说明必须依赖第二个条件中使用的概念。

也有现象学的证据反对这两个条件的独立性，更为重要的是，反对人造物体的领域和其中不同的人工物的类型的独立。基于对有效使用的信念，通过引入人工物的领域中的人工物类型，该领域之外的物体或许被认为是有用的等同物。如果某人忘记把自制的帐篷桩带到露营地，他可以开始寻找有着大致相同形状和硬度的木头片，并把它们稍作修理以适合使用。通过设计和传达恰当的使用计划，甚至未修改的自然物体或许也被逐渐视为人工物，并对其应用关于恰当使用的法规。颠倒这个过程，人工物或许被逐渐接受为大自然的一部分；在荷兰，人造景观就是这种例子，它是通过挖泥炭、筑堤防，或者修建公路和铁路而创造的。如果我们接受自然物体和人造物体之间的分界线是随着（恰当的）使用而变化的，那么最后一个定义中的两个条件则变得更加错综复杂。

不过，人工物描述中的基本要素，包括恰当使用和有效使用、支持这种使用的物理结构以及设计和/或生产物品的历史，在本次讨论过程中逐渐变得清晰了。① 除了生产史，所有这些要素在本书前面部分就是熟悉的。在全书中，我们概述了这些要素相互关联的方法，它们既存在于评价性地重构使用、设计和功能归属中，也存在于更为分析性地描述使用和设计人工物，以及给它们（不）归属功能的方法中。

本章的论据在否定意义上表明，这些分析不能直接推断成关于人工物属性和分类的理论：即使关于使用、设计和功能的理论在现象学上能胜任，也需要在概念上下大工夫来融合对人工物的直觉。然而，这些论据也积极地表明人工物的理论的大多数要素触手可及。我们已经分析了设计、恰当和有效使用以及这些行动由人工物物理结构（的信念）支持的方法。我们探索人工物的领域的长篇论述中所忽视的唯一要素是生产。

不过，建构一个令人满意的人工物的理论的挑战，不在于列出相关的要素，而是在于表明它们是如何相关的——正如建构一个人工物的功能理论的挑战，不在于将意向、因果作用和进化看成相关的要素，而是在于以一种在现象学上令人满意的方法将这些关联起来。因此，我们对相关要素的识别只是为建构人工物的理论提供了起点。② 超越这一点则需要进一步地探究在使用人工物的概念时处于危险之中的是什么。正如本章中所表明的，它看起来起着不同的作用，如区分人造物体和自然物体、表达恰当使用的标准以及识别有用的等同物。将人工物视为人造物体关注的是这其中的一些作用，而将它们视为有用的材料则关注的是其他作用：在人工物的概念中似乎有着内在的二元性。

建构一个整合了人造的和有用的看法，并融合了所有相关直觉的人工物的理论的最好方法，是启动概念架构的一个新项目——首先基于对人工物的相关直觉列出其用处，然后设计备选的理论并用某种标准对它进行测试。该项目不必从零开始：所有组成部分都是可用的。但是建构一个人工物的理论或许不是

---

① 认知科学的一些最近结果精确表明这四种要素在人们有关人工物分类的方法上起着重要作用。沙依诺、巴沙罗和斯洛曼（Chaigneau, Barsalou and Sloman, 2004）报告说对使用和支持结构的思考不总是决定性的——正如7.1节中我们参照的结果所表明的那样。在缺少关于使用和/或者结构信息的情况下，物体基于物品的设计信息和生产史进行分类。鉴于我们自己的结果，这并不惊奇：在5.3节我们表明需要专业设计师的说明书来论述恰当使用。沙依诺、巴沙罗和斯洛曼认为他们的结果削弱了布鲁姆的功能本质主义（见7.2节）；此外，我们或许将它们阐释为确认了对恰当使用而非功能的关注。

② 在哲学中，罗松斯基（Losonsky, 1990）提供了一个类似的出发点，他认为物理结构、使用的目的和方式决定了人工物的属性。我们会在列表中加入恰当使用和有效使用之间的区别，以及对设计和生产的思考。在认知科学中，沙依诺、巴沙罗和斯洛曼（Barsalou, Sloman and Chaigneau, 2004）提出了 HIPE 理论，这是正式的人工物的功能理论，但最好理解为人工物理论。在这个理论中，设计的历史、预期使用、物理结构和使用产生的事件是人工物分类中的相关要素。此外，生产和不同要素的概念整合是缺失的。因此，在哲学和其他领域中，似乎回避了建构人工物的历史的主要挑战。

现成的工程：一些组成部分不仅需要大量的微调，在直觉和局部分析之间或许还有冲突。① 不一定所有的说明用处的需要都能被满足；在工程实践中，客户愿望之间的冲突通常需要忽略一部分来进行解决。我们为我们的技术功能理论设法满足了所有的说明用处的需要。而能否为人工物的理论完成相同的事情，还有待观察。

---

① 阅读英戈尔德（Ingold，2000）给我们在分析制造和分析设计之间的可能区别时留下深刻的印象。在 2.5 节中，我们将产品设计重构为设计的一种类型；对慎思和规划的强调明显不同于英戈尔德对熟练动作以及和环境的互动的关注，即对体现和置身所在的关注。

参 考 文 献

Akrich, M. (1992). The de-scription of technical objects. In: W. E. Bijker and J. Law (Eds.), *Shaping Technology/Building Society: Studies in Sociotechnical change*, pp. 205-224. Cambridge, MA: MIT Press.

Allen, C., M. Bekoff, and G. Lauder (Eds.) (1998). *Nature's Purposes: Analyses of Function and Design in Biology*, Cambridge, MA. Bradford Books.

Ariew, A. and M. Perlman (2002). Introduction. In: A. Ariew, R. Cummins, and M. Perlman (Eds.), *Functions: New Essays in the Philosophy of Psychology and Biology*, pp. 1-4. Oxford: Oxford University Press.

Aunger, R. (2002). *The Electric Meme*. New York: Free Press.

Baker, L. R. (2000). *Persons and Bodies*. Cambridge: Cambridge University Press.

Baker, L. R. (2004). The ontology of artifacts. *Philosophical Explorations* 7, 99-111.

Baker, L. R. (2006). On the twofold nature of artefacts. *Studies in History and Philosophy of Science* 37, 132-136.

Baker, L. R. (2007). *The Metaphysics of Everyday Life: An Essay in Practical Realism*. Cambridge: Cambridge University Press.

Barsalou, L. W., S. A. Sloman, and S. E. Chaigneau (2004). The HIPE theory of function. In L. Carlson and E. van der Zee (Eds.), *Functional Features in Language and Space: Insights from Perception, Categorization and Development*, pp. 131-148. Oxford: Oxford University Press.

Barton, M. E. and L. K. Kamatsu (1989). Defining features of natural kinds and artifacts. *Journal of Psycholinguistic Research* 18, 433-447.

Basalla, G. (1988). *The Evolution of Technology*. Cambridge: Cambridge University Press.

Bell, J., N. Snooke, and C. Price (2005). Functional decomposition for interpretation of model based simulation. In: M. Hofbaur, B. Rinner, and F. Wotawa (Eds.), *Proceedings of the 19th International Workshop on Qualitative Reasoning* (QR-05), *Graz, Austria*, 18-20 May 2005, pp. 192-198.

Bigelow, J. and R. Pargetter (1987). Functions. *Journal of Philosophy* 84, 181-196. Reprinted in Allen et al. (1998, pp. 241-259).

Blackburn, S. (1998). *Ruling Passions*. Oxford: Clarendon.

Bloom, P. (1996). Intention, history, and artifact concepts. *Cognition* 60, 1-29.

Bloom, P. (1998). Theories of artifact categorization. *Cognition* 66, 87-93.

Bratman, M. (1987). *Intentions, Plans, and Practical Reason.* Cambridge, MA: Harvard University Press.

Bratman, M. (1999). *Faces of Intention: Selected Essays on Intention and Agency.* Cambridge: Cambridge University Press.

Bratman, M. (2000). Reflection, planning, and temporally extended agency. *Philosophical Review* 109, 35-61.

Brey, P. (2008). Technological design as an evolutionary process. In: P. E. Vermaas, P. Kroes, A. Light, and S. A. Moore (Eds.), *Philosophy and Design: From Engineering to Architecture*, pp. 61-75. Dordrecht: Springer.

Brown, D. C. and L. Blessing (2005). The relationship between function and affordance. In: *ASME 2005 IDETC/CIE Conference, September 24-28, 2005, Long Beach, California, USA.* DECT2005-85017.

Buller, D. J. (1998). Etiological theories of function: A geographical survey. *Biology and Philosophy* 13, 505-527.

Carlson, W. B. (2000). Invention and evolution: The case of Edison's sketches of the telephone. In: J. Ziman (Ed.), *Technological Innovation as an Evolutionary Process*, pp. 137-158. Cambridge: Cambridge University Press.

Carrara, M. (2009). Relative identity and the number of artefacts. *Techné* 13, 108-122.

Castañeda, H. N. (1970). On the semantics of the ought-to-do. *Synthese* 21, 449-468.

Chaigneau, S. E., L. W. Barsalou, and S. A. Sloman (2004). Assessing the causal structure of function. *Journal of Experimental Psychology: General* 133, 601-625.

Clarkson, J., R. Coleman, S. Keates, and C. Lebbon (Eds.) (2003). *Inclusive Design: Design for the Whole Population*, Berlin. Springer-Verlag.

Clarkson, J. and S. Keates (Eds.) (2003). *Countering Exclusive Design: An Introduction to Inclusive Design*, Berlin. Springer-Verlag.

Collins, H. M. and R. Evans (2002). The third wave of science studies: Studies of expertise and experience. *Social Sutides of Science* 32, 235-296.

Constant, E. (2000). Recursive practice and the evolution of technological knowledge. In: J. Ziman (Ed.), *Technological Innovation as an Evolutionary Process*, pp. 219-233. Cambridge: Cambridge University Press.

Cummins, R. (1975). Functional analysis. *Journal of Philosophy* 72, 741-765. Reprinted in Allen et al. (1998, pp. 169-196).

Dancy, J. (2006). Ethical non-naturalism. In: D. Copp (Ed.), *The Oxford Handbook of Ethical Theory*, pp. 122-145. Oxford: Oxford University Press.

Davies, P. S. (2000). The nature of natural norms: why selected functions are systemic capacity functions. Noûs 34，85-107.

Davies，P. S. (2001). *Norms of Nature：Naturalism and the Nature of Functions*. Cambridge，MA：MIT Press.

Dawkins，R. (1976). *The Selfish Gene*. Oxford：Oxford University Press.

Dennett，D. C. (1971). Intentioal systems. *Journal of Philosophy* 68，87-106. Reprinted in Dennett (1978，pp. 3-22).

Dennett，D. C. (1978). *Brainstorms：Philosophical Essays on Mind and Psychology*. Cambridge，MA：Bradford Books.

Dennett，D. C. (1990). The interpretation of texts，people and other artifacts. *Philosophy and Phenomenological Research* 50 (S)，177-194.

Dennett，D. C. (1995). *Darwin's Dangerous Idea*. New York：Norton.

Dick，P. K. (1957). *Eye in the Sky*. New York：Ace.

Dipert，R. R. (1993). *Artifacts，Art Work，and Agency*. Philadelphia：Temple University Press.

Dipert，R. R. (1995). Some issues in the theory of artifacts：defining 'artifact' and related notions. *Monist* 78，119-135.

Dorst，K. and P. E. Vermaas (2005). John Gero's Function-Behaviour-Structure model of designing：A critical analysis. *Research in Engineering Design* 16，17-26.

Dreier，J. (2001). Humean doubts about categorical imperatives. In：E. Millgram (Ed.)，*Varieties of Practical Reasoning*，pp. 27-49. Cambridge，MA：MIT Press.

Eekels，J. and W. A. Poelman (1998). *Industriële Productontwikkeling. Deel* 1：*Basiskennis*. Utrecht：Lemma.

Elder，C. (2004). *Real Natures and Familiar Objects*. Cambridge，MA：MIT Press.

Elder，C. (2007). On the place of artifacts in ontology. In：E. Margolis and S. Laurence (Eds.)，*Creations of the Mind：Theories of Artifacts and Their Representation*，pp. 33-51. Oxford：Oxford University Press.

Erden，M. S. ，H. Komoto，T. J. van Beek，V. D'Amelio，E. Echavarria，and T. Tomiyama (2008). A review of function modeling：Approaches and applications. *Artificial Intelligence for Engineering Design，Analysis and Manufacturing* 22，147-169.

Faulkner，W. (1994). Conceptualizing knowledge used in innovation：A second look at the science-technology distinction and industrial innovation. Science，*Technology and Human Values* 19，425-458.

Fleck，J. (2000). Artefact-Activity：The coevolution of artefacts，knowledge and organization in technological innovation. In：J. Ziman (Ed.)，*Technological Innovation as an Evolutionary Process*，pp. 248-266. Cambridge：Cambridge University Press.

Franssen，M. (2006). The normativity of artefacts. *Studies in History and Philosophy of*

Science 37, 42-57.

Galison, P. (1986). *How Experiments End*. Chicago: University of Chicago Press.

Garbacz, P. (2002). The logics of relative identity. *Notre Dame Journal of Formal Logic* 43, 27-50.

Geach, P. T. (1967). Identity. *Review of Metaphysics* 21, 3-12.

Gelman, S. A. and P. Bloom (2000). Young children are sensitive to how an object was created when deciding what to name it. *Cognition* 76, 91-103.

Gentner, D. (1978). What looks like a jiggy but acts like a zimbo? A study of early word meaning using artifical objects. *Papers and Reports on Child Language Development* 15, 1-6.

Gero, J. S. (1990). Design prototypes: A knowledge representation schema for design. *AI Magazine* 11 (4), 26-36.

Godfrey-Smith, P. (1994). A modern history theory of functions. *Noûs* 28, 344-362.

Goldman, A. I. (1999). *Knowledge in a Social World*. New York: Oxford University Press.

Goldman, A. I. (2001a). Experts: Which ones should you trust? *Philosophy and Phenomenological Research* 63, 85-110.

Goldman, A. I. (2001b). Social routes to belief and knowledge. *Monist* 84, 346-367.

Goldsmith, S. (1997). *Designing for the Disabled: A New Paradigm*. London: Architectural Press.

Gooding, D., T. Pinch, and S. Schaffer (Eds.) (1989). *The Uses of Experiment*, Cambridge: Cambridge University Press.

Gould, S. J. and E. S. Vrba (1982). Exaptation: A missing term in the science of form. *Paleobiology* 8, 4-15. Reprinted in Allen et al. (1998, pp. 519-540).

Griffiths, P. E. (1993). Functional analysis and proper functions. *British Journal for the Philosophy of Science* 44, 409-422. Reprinted in Allen et al. (1998, pp. 435-452).

Hacking, I. (1983). *Representing and Intervening*. Cambridge: Cambridge University Press.

Haggard, P. (1998). Planning of action sequences. *Acta Psychologica* 99, 201-215.

Heidegger, M. (1962). *Being and Time*. Oxford: Blackwell.

Heidegger, M. (1977). *The Question concerning Technology and Other Essays*. New York: Harper and Row.

Hilpinen, R. (1992). Artifacts and works of art. *Theoria* 58, 58-82.

Hilpinen, R. (1993). Authors and artifacts. *Proceedings of the Aristotelian Society* 93, 155-178.

Hilpinen, R. (2008). Artifact. In: E. N. Zalta (Ed.), *The Stanford Encyclopedia of Phi-*

losophy (*Fall* 2008 *Edition*) . http: //plato. stanford. edu/archives/fall2008/entries/artifact/.

Houkes, W. (2006). Knowledge of artifact functions. *Studies in History and Philosphy of Science* 37, 102-113.

Houkes, W. (2008). Designing is the construction of use plans. In P. E. Vermaas, P. Kroes, A. Light, and S. A. Moore (Eds.), *Philsophy and Design: From Engineering to Architecture*, pp. 37-49. Dordrecht: Springer.

Houkes, W. and A. W. M. Meijers (2006). The ontology of artefacts: The hard problem. *Studies in History and Philosophy of Science* 37, 118-131.

Houkes, W. and P. e. vermaas (2004). Actions versus functions: A plea for an alternative metaphysics of artifacts. *Monist* 87, 52-71.

Houkes, W. and P. E. Vermaas (2006). Planning behaviour: Technical design as design of user plans. In: P. P. Verbeek and A. Slob (Eds.), *User Behaviour and Technology Development: Shaping Sustainable Relations between Consumers and Technologies*, Volume 20 of *Eco-Efficiency in Industry and Science*, pp. 303-210. Dordrecht: Springer.

Houkes, W. , P. E. Vermaas, K. Dorst, and M. J. de Vries (2002). Design and use as plans: An action-theoretical account. *Design Studies* 23, 303-320.

Hubka, V. and W. E. Eder (1988). *Theory of Technical Systems: A Total Concept Theory for Engineering Design*. Berlin: Springer-Verlag.

Hudson, J. A. and R. Fivush (1991). Planning in the preschool years: The emergence of plans from general event knowledge. *Cognitive Development* 6, 393-415.

Hudson, J. A. , B. B. Sosa, and L. R. Shapiro (1997). Scripts and plans: The development of preschool children's event knowledge and event planning. In: S. L. Friedman and E. K. Scholnick (Eds.), *The Developmental Psychology of Planning: why, how, and when do we plan?* pp. 77-102. Mahwah, NJ: Lawrence Erlbaum.

Ingold, T. (2000). On weaving a basket. In: T. Ingold (Ed.), *The Perception of the Environment*, pp. 339-348. London: Routledge.

Jackson, F. (1998). *From Metaphysics to Ethics: A Defense of Conceptual Analysis*. Oxford: Oxford University Press.

Kemler-Nelson, D. G. , R. Russell, N. Duke, and K. Jones (2000). Two-year-olds name artifacts bytheir function. *Child Development* 71, 1271-1288.

Kitcher, P. S. (1993). Function and design. In: P. A. French, T. E. Uehling, and H. K. Wettstein (Eds.), *Midwest Studies in Philosophy*, volume XVIII, pp. 379-397). Minneapolis: University of Minnesota Press. Reprinted in Allen et al. (1998, pp. 479-503).

Kornblith, H. (1980). Referring to artifacts. *Philosophical Review* 89, 109-114.

Kroes, P. A. (2003). Screwdriver philosophy: Searle's analysis of technical functions.

Techné 6 (3), 22-35. http：//scholar. lib. vt. edu/ejournals/SPT/.

Kroes, P. A. and A. W. M. Meijers (2000). Introduction: A discipline in search of its identity. In: P. A. Kroes and A. W. M. Meijers (Eds.), *The Empirical Turn in the Philosophy of Technology*, *Volume* 20 *of Research in Philosophy and Technology*, pp. xvii-xxxv. Amsterdam: JAI/Elsevier Science.

Kroes, P. A. and A. W. M. Meijers (2002). The dual nature of technical artifacts: Presentation of a new research program. *Techné* 6 (2), 4-8. http：//scholar. lib. vt. edu/ejournals/SPT/See also the commentaries in the same issue.

Kroes, P. A. and A. W. M. Meijers (2006). The dual nature of technical artifacts. *Studies in History and Philosophy of Science* 37, 1-4.

Krohs, U. (2009). Functions as based on a concept of general design. *Synthese* 166, 69-89.

Lackey, J. (2003). A minimal expression of non-reductionism in the epistemology of testimony. *Noûs* 37, 706-723.

Lackey, J. and E. Sosa (Eds.) (2006). *The Epistemology of Testimony*, Oxford. Oxford University Press.

Landau, B., L. B. Smith, and S. S. Jones (1998). Object shape, object function, and object name. *Journal of Memory and Language* 38, 1-27.

Latour, B. (1992). The sociology of a few mundane artifacts. In: W. E. Bijker and J. Law (Eds.), *Shaping Technology/Building Society: Sudies in Sociotechnical Change*, pp. 225-258. Cambridge, MA: MIT Press.

Leudar, I. and A. Costall (1996). Situating action IV: Planning as situated action. *Ecological Psychology* 8, 153-170.

Lewens, T. (2004). *Organisms and Artifacts: Design in Nature and Elsewhere*. Cambridge, MA: MIT Press.

Lipton, P. (1998). The epistemology of testimony. *Studies in History and Philosophy of Science* 29A, 1-31.

Losonsky, M. (1990). The nature of artifacts. *Philosophy* 65, 81-88.

Lowe, E. J. (1995). The metaphysics of abstract objects. *Journal of Philosophy* 92, 509-524.

Mahner, M. and M. Bunge (2001). Function and functionalism: A synthetic perspective. *Philosophy of Science* 68, 75-94.

Malt, B. C. and E. C. Johnson (1992). Do artifact concepts have cores? *Journal of Memory and Language* 31, 195-217.

Matan, A. and S. Carey (2001). Development changes within the core of artifact concepts. *Cognition* 78, 1-26.

Matthen, M. (1997). Teleology and the product analogy. *Australasian Journal of Philoso-*

phy 75，21-37.

McLaughlin，P. （2001）. *What Functions Explain.* Cambridge：Cambridge University Press.

Merleau-Ponty，M. （1962）. *The Phenomenology of Perception.* London：Routledge.

Millikan，R. G. （1984）. *Language，Thought，and Other Biological Categories：New Foundations for Realism.* Cambridge，MA：MIT Press.

Millikan，R. G. （1989）. In defense of proper functions. *Philosophy of Science* 56，288-302. Reprinted in Allen et al. （1998，pp. 295-312）.

Millikan，R. G. （1993）. *White Queen Psychology and Other Essays for Alice.* Cambridge，MA：MIT Press.

Millikan，R. G. （1999）. Wings，spoons，pills，and quills：A pluralist theory of function. *Journal of Philosophy* 96，191-206.

Mokyr，J. （1996）. Evolution and technological change：A new metaphor for economic history? In：R. Fox （Ed.），*Technological Change*，pp. 63-83. London：Harwood Publishers.

Mokyr，J. （2000）. Evolutionary phenomena in technological change. In：J. Ziman （Ed.），*Technological Innovation as an Evolutionary Process*，pp. 52-65. Cambridge：Cambridge University Press.

Mumford，S. （1998）. *Dispositions.* Oxford：Oxford University Press.

Neander，K. （1991a）. Functions as selected effects：The conceptual analyst's defense. *Philosophy of Science* 58，168-184.

Neander，K. （1991b）. The teleological notion of "function". *Australasian Journal of Philosophy* 69，454-468. Reprinted in Allen et al. （1998，pp. 313-333）.

Neander，K. （1995）. Misrepresenting and malfunctioning. *Philosophical Studies* 79，109-141.

Nelson，K. （Ed.） （1986）. *Event Knowledge：Structure and Function in Development*，Hillsdale，NJ. Lawrence Erlbaum.

Noonan，H. W. （1980）. *Objects and Identity.* The Hague：Nijhoff.

Norman，D. A. （1990）. *The Design of Everyday Things.* New York：Perseus. First published as *The Psychology of Everyday Things.*

Pahl，G.，W. Beitz，J. Feldhusen，and K. H. Grote （2007）. *Engineering Design：A Systematic Approach* （third ed.）. Berlin：Springer-Verlag.

Perlman，M. （2004）. The modern philosophical resurrection of teleology. *Monist* 87，3-51.

Polanyi，M. （1962）. *Personal Knowledge.* London：Routledge.

Pollack，M. E. （1990）. Plans as complex mental attitudes. In P. R. Cohen，J. Morgan，and M. E. Pollack （Eds.），*Intentions in Communication*，pp. 77-103. Cambridge，MA：

MIT Press.

Pollock, J. L. (1995). *Cognitive Carpentry: A Blueprint for Building a Person*. Cambridge, MA: MIT Press.

Preston, B. (1998a). Cognition and tool use. *Mind & Language* 13, 513-547.

Preston, B. (1998b). Why is a wing like a spoon? a pluralist theory of functions. *Journal of Philosophy* 95, 215-254.

Preston, B. (2000). The functions of things: a philosophical perspective on material culture. In: P. M. Gravs-Brown (Ed.), *Matter, Materiality and Modern Culture*, pp. 22-49. London: Routledge.

Preston, B. (2003). Of marigold beer: A reply to Vermaas and Houkes. *British Journal for the Philosophy of Science* 54, 601-612.

Preston, B. (2006). The case of the recalcitrant prototype. In: A. Costall and O. Dreier (Eds.), *Doing Things with Things: The Design and Use of Everyday Objects*, pp. 15-27. Aldershot: Ashgate.

Putnam, H. (1975). The meaning of 'meaning'. In: H. Putnam (Ed.), *Mind, Language and Reality*, pp. 215-271. Cambridge: Cambridge University Press.

Radder, H. (Ed.) (2003). *The Philosophy of Scientific Experimentation*, Pittsburgh. University of Pittsburgh Press.

Rea, M. (Ed.) (1997). *Material Constitution: A Reader*, Lanham, MD. Rowman and Littlefield.

Ridder, J. de (2006). Mechanistic artefact explanation. *Studies in History and Philosophy of Science* 37, 81-96.

Romano, G. (2009). *Thoughtful Things: An Investigation in the Descriptive Epistemology of Artifacts*. Ph. D. thesis, Eindhoven University of Technology.

Roozenburg, N. F. M. and J. Eekels (1995). *Product Design: Fundamentals and Methods*. Chichester: John Wiley & Sons.

Rosenbaum, D. A. (1991). *Human Motor Control*. San Diego: Academic Press.

Rosenman, M. A. and J. S. Gero (1998). Purpose and function in design: From the socio-cultural to the techno-physical. *Design Studies* 19, 161-186.

Ryle, G. (1949). *The Concept of Mind*. London: Hutchinson.

Scheele, M. (2005). *The Social Aspects of Artefact Use*. Ph. D. thesis, Delft University of Technology.

Scheele, M. (2006). Function and use of technical artefacts: The social condition of function ascription. *Studies in History and Philosophy of Science* 37, 23-36.

Schwartz, S. P. (1978). Putnam on artifacts. Philosophical Review 87, 566-574.

Searle, J. R. (1995). *The Construction of Social Reality*. New Haven: Free Press.

Smith, E. E. and D. L. Medin (1981). *Categories and Concepts*. Cambridge, MA: Harvard University Press.

Sorabji, R. (1964). Function. *Philosophical Quarterly* 14, 289-302.

Sperber, D. (2007). Seedles grapes: Nature and culture. In: E. Margolis and S. Laurence (Eds.), *Creations of the Mind: Theories of Artifacts and Their Representation*, pp. 124-137. Oxford: Oxford University Press.

Stone, R. B. and K. L. Wood (2000). Development of a Functional Basis for design. *Journal of Mechanical Design* 122, 359-370.

Suchman, L. A. (1987). *Plans and Situated Action*. Cambridge: Cambridge University Press.

Thomasson, A. (1999). *Fiction and Metaphysics*. Cambridge: Cambridge University Press.

Thomasson, A. (2007a). Artifacts and human concepts. In: E. Margolis and S. Laurence (Eds.), *Creations of the Mind: Theories of Artifacts and Their Representation*, pp. 52-73. Oxford: Oxford University Press.

Thomasson, A. (2007b). *Ordinary Objects*. Oxford: Oxford University Press.

Vaesen, K. (2006). How norms in technology ought to be interpreted. *Technè* 10 (1), 117-133. http: //scholar. lib. vt. edu/ejournals/SPT.

Van Inwagen, P. (1990). *Material Beings*. Ithaca, NY: Cornell University Press.

Verhoeven, J. D., A. H. Pendray, and W. E. Dauksch (1998). The key role of impurities in ancient Damascus steel blades. *JOM* 50 (9), 58-64.

Vermaas, P. E. (2002). Technological innovation as an unusual and non-biological evolutionary process. *Studies in History and Philosophy of Modern Physics* 33, 735-739.

Vermaas, P. E. (2006). The physical connection: Engineering function ascriptions to technical artefacts and their components. *Studies in History and Philosophy of Science* 37, 62-75.

Vermaas, P. E. (2009a). The flexible meaning of function in engineering. In: *eProceedings of the 17th International Conference on Engineering Design*, *Stanford*, *California*, *USA*, *August 24-27*, 2009, pp. 2. 113-2. 124. Design Society.

Vermaas, P. E. (2009b). On unification: Taking technical functions as objective (and biological functions as subjective). In U. Krohs and P. Kroes (Eds.), *Functions in Biological and Artificial Worlds: Comparative Philosophical Perspectives*, Vienna Series in Theoretical Biology, pp. 69-87. Cambridge, MA: MIT Press.

Vermaas, P. E. and K. Dorst (2007). On the conceptual framework of John Gero's FBS-model and the prescriptive aims of design methodology. *Design Studies* 28, 133-157.

Vermaas, P. E. and W. Houkes (2003). Ascribing functions to technical artefacts: A challenge to etiological accounts of functions. *British Journal for the Philosophy of Science* 54, 261-289.

Vermaas, P. E. and W. Houkes (2006a). Technical functions: A drawbridge between the intentional and structural natures of technical artefacts. *Studies in History and Philosophy of Science* 37, 5-18.

Vermaas, P. E. and W. Houkes (2006b). Use plans and artefact functions: An intentionalist approach to artefacts and their use. In: A. Costall and O. Dreier (Eds.), *Doing Things with Things: The Design and Use of Everyday Objects*, pp. 29-48. Aldershot: Ashgate.

Walsh, D. M. and A. Ariew (1996). A taxonomy of functions. *Canadian Journal of Philosophy* 26, 493-514.

Wiggins, D. (2001). *Sameness and Substance Renewed*. Cambridge: Cambridge University Press.

Williams, B. (1981). Internal and external reasons. In: B. Williams (Ed.), *Moral Luck*, pp. 101-113. Cambridge: Cambridge University Press.

Wimsatt, W. C. (1972). Teleology and the logical structure of function statements. *Studies in History and Philosophy of Science* 3, 1-80.

Wright, L. (1973). Functions. *Philosophical Review* 82, 139-168.

Ziman, J. (Ed.) (2000). *Technological Innovation as an Evolutionary Process*, Cambridge. Cambridge University Press.

中英文对照表

译文	原文
事故分析	accident analysis
偶然的功能	accidental function
功能行动理论	function action theory
行动理论	action theory
飞机（受损）的例子	aeroplane（broken）example
人工智能规划	AI planning
玛德琳·阿克瑞奇	Akrich, Madeleine
分析者的角色	analyst role
人类学	anthropology
考古学	archaeology
人工物	artefact
作为人造材料	as man-made material
作为有用的人造材料	as useful man-made material
作为有用的材料	as useful material
认知科学	cognitive science
组成部分（部件）	component
双重本质	dual nature
HIPE 理论	HIPE theory
制造	making
形而上学	metaphysics
重复产生历史	reproduction history
半成品	semimanufactured product
阿司匹林的例子	Aspirin example
流水线的例子	assembly line example
琳·瑞德·贝克	Baker, Lynne Rudder
约翰·比格罗	Bigelow, John
生物的功能	biological function
功能	function
生物学	biology

译文	原文
发现者的角色	discoverer role
知识	knowledge
外行的角色	lay person role
迈克·布拉特曼	Bratman，Michael
灭蚊灯的例子	bug zapper example
性能	capacity
条件分析	conditional analysis
实施与具有的比较	exercising vs. having
突显	highlighting
汽车（受损）的例子	car（broken）example
开车的例子	car driving example
因果-作用功能理论	causal-role function theory
手机的例子	cellular phone example
认知科学	cognitive science
概念分析	conceptual analysis
构成性观点	constitution view
罗伯特·卡明斯	Cummins，Robert
乔纳森·丹西	Dancy，Jonathan
保罗·谢尔登·戴维斯	Davies，Paul Sheldon
丹尼尔·C·丹尼特	Dennett，Daniel C.
功能理论的用处	desideratum for function theory
业余的	amateur
常识	common sense
有效的	effective
评价	evaluation
专家	expert
包容性的	inclusive
意向	intentions
计划	plan
重构	reconstruction
产品	product
专业的	professional

续表

译文	原文
合理的	rational
技能	skill
通用的	universal
设计方法论	design methodology
设计者的角色	designer role
清洁剂的例子	detergent example
引爆装置的例子	detonator example
兰德尔·迪泼特	Dipert，Randell
特性	disposition
人工物的双重属性	dual nature of artefacts
有效性	effectiveness
体现	embodiment
工程	engineering
认识论	epistemology
社会的	social
本质主义	essentialism
酒精的例子	ethanol example
原因理论	etiological theory
进化的理论	evolutionary theory
技术的	of technology
进化的功能理论	evolutionist function theory
例子	example
（受损的）飞机	aeroplane （broken）
阿司匹林	Aspirin
流水线	assembly line
（受损的）汽车	car （broken）
手机	cellular phone
清洁剂	detergent
引爆装置	detonator
酒精	ethanol
钥匙	key
激光笔	laser pen

译文	原文
金属环	metal ring
指甲刀	nail clipper
核电站	nuclear power plant
装置中的管道	pipe in installation
莱茵河	river Rhine
罗密欧与朱丽叶	Romeo and Juliet
沏茶	tea brewing
电话	telephone
（受损的）电视机	television set（broken）
时间旅行	time travelling
面包机	toaster
地下旅行	underground travelling
录像机	VCR
蜡和牛皮纸	wax and brown paper
专业技能	expertise
偶然的	accidental
分析性解释	analytic account
作为被归属的	as ascribed
作为性能	as capacity
作为本质	as essence
作为目标	as goal
作为属性	as property
生物的	biological
作为技术功能	as technical function
通俗描述	colloquial description
概念的作用	conceptual role
掩饰人工物结构	cloaking artefact structure
掩饰使用的计划	cloaking use plan
突显人工物性能	highlighting artefact capacity
不适当的	improper
正当理由	justification
自然科学	natural science

译文	原文
物理化学描述	physicochemical description
无计划的	plan-less
适当的	proper
合理性	rationality
科学仪器	scientific devices
社会科学	social science
材质	substance
因果-作用	causal-role
结合	combination
人工物的用处	desideratum
功能偶发性失常	malfunction
适当的-偶然的	proper-accidental
得到支持的	support
原因的	etiological
进化的	evolutionist
ICE 理论	ICE theory
事故分析	accident analysis
分析者的归属	ascription by analyst
设计者的归属	ascription by designer
工程师的归属	ascription by engineer
证明者的归属	ascription by justifier
使用者的归属	ascription by user
生物学版本	biological version
工程	engineering
广义的版本	generalised version
自然科学	natural science
逆向工程	reverse engineering
分析者的角色归属	role ascription by analyst
科学仪器	scientific devices
社会科学	social science
材质	substances
意向的	intentional

译文	原文
多元论	pluralism
域间	inter-domain
域内	intra-domain
倾向	propensity
功能作用	functional role
保罗·格里菲思	Griffiths, Paul
马丁·海德格尔	Heidegger, Martin
里斯托·希尔匹伦	Hilpinen, Risto
历史	history
ICE 功能理论	ICE-function theory
不适当的功能	improper function
不适当的使用	improper use
包容性设计	inclusive design
创新	innovation
功能理论的创新的用处	innovation desideratum for function theory
工具理性	instrumental rationality
设计中的	in design
使用中的	in use
意向功能理论	intentional function theory
意向系统	intentional system
意向性	intentionality
不合理使用	irrational use
正当理由	justification
功能归属的	of function ascription
使用计划的	of use plans
证明者的角色	justifier role
钥匙的例子	key example
菲利普·基契尔	Kitcher, Philip
生物学的	biological
设计中的	in design
工程中的	in engineering
技术进化论中的	in evolutionary theory of technology

译文	原文
功能归属中的	in function ascription
知识基础	knowledge base
乌尔里克·克罗斯	Krohs, Ulrich
激光笔的例子	laser pen example
布鲁诺·拉图尔	Latour, Bruno
蒂姆·路文斯	Lewens, Tim
维护	maintain
制造	making
行动中的评价	evaluation-in-action
外部评价	external evaluation
规范性	normativity
事后比较评价	post-hoc evaluation
专业设计	professional design
功能理论的功能偶发性失常的用处	malfunction desideratum for function theory
莫汉·马森	Matthen, Mohan
彼得·麦克劳林	McLaughlin, Peter
金属环的例子	metal ring example
形而上学	metaphysics
构成性理论	constitution view
露丝·加勒特·米利肯	Millikan, Ruth Garrett
指甲刀的例子	nail clipper example
自然对象对人造对象	natural object vs. artificial object
自然科学	natural science
自然主义	naturalism
凯伦·尼恩德尔	Neander, Karen
规范性	normativity
应该-陈述	ought-statements
核电站的例子	nuclear power plant example)
观察者的角色	observer role
罗伯特·帕盖特	Pargetter, Robert
技术哲学	philosophy of technology
装置中的管道	pipe in installation

译文	原文
计划	plan
计划图式	plan schema
约翰·L·波洛克	Pollock，John L.
实践合理性	practical rationality
贝丝·普雷斯顿	Preston，Beth
生产	production
倾向功能理论	propensity function theory
适当功能	proper funciton
恰当使用	proper use
功能理论的适当的-偶然的用处	proper-accidental desideratum for function theory
原型	prototype
威拉德·范·奥尔曼·奎因	Quine，Willard Van Orman
合理选择理论	rational choice theory
设计中的	in design
使用中的	in use
工具的	instrumental
实践的	practical
功能描述的	of functional description
计划设计的	of plan design
产品设计的	of product design
使用的	of use
使用的计划	of use plan
修理	repair
逆向工程	reverse engineering
莱茵河的例子	river Rhine example
罗密欧与朱丽叶的例子	Romeo and Juliet example
科学技术研究	science and technology studies
脚本	script
约翰·R. 塞尔	Searle，John R.
选择	selection

续表

译文	原文
意向的	intentional
自然的	natural
情境行动	situated action
技能	skill
设计	design
使用中的	in use
设计中使用者的	of user in design
社会认识论	social epistemology
丹·斯珀伯	Sperber, Dan
科学技术研究	STS
露西·萨奇曼	Suchman, Lucy
功能理论的得到支持的用处	support desideratum for function theory
沏茶的例子	tea brewing example
目的论	teleology
电话的例子	telephone example
（受损的）电视机的例子	television set (broken) example
说明书	testimony
艾米·托马森	Thomasson, Amie
时间旅行的例子	time traveling example
面包机的例子	toaster example
地下旅行的例子	underground traveling example
通用性设计	universal design
使用	use
偶然的	accidental
不适当的	improper
不合理的	irrational
被动的	passive
规划	planning
标准的	standard
多样性	versatility
分析性解释	analytic account
作为本质	as essence

译文	原文
信念一致性	brief consistency
加括号的	bracketing
掩饰的	cloaking
传达	communication
目标一致性	goal consistency
同一性	identity
正当理由	justification
轻量级	lightweight
手段-目的一致性	means-end consistency
规范性	normativity
合理性	rationality
被社会接受的	socially accepted
标准的	standard
说明书	testimony
生物学中删节的	truncating in biology
使用者的角色	user role
录像机的例子	VCR example
保修	warranty
蜡和牛皮纸的例子	wax and brown paper example

译 后 记

本书是荷兰学者威伯·霍克斯（Wybo Houkes）和彼埃得·弗玛斯（Pieter E. Vermaas）合著的一部讨论技术的功能的书，是施普林格出版社出版的"工程技术哲学丛书"的第一卷。我们选择这本书译成中文出版，主要是基于如下几点考虑。

第一，在工程技术哲学研究领域，由荷兰学派倡导的"经验转向"产生了持久而深远的影响。"经验转向"关注对技术活动具体过程的分析，通过严格精细的分析方法揭示现代技术的结构、功能、社会影响、演化过程等方面的本质特征和规律性，在打开技术活动"黑箱"方面做出了很大贡献。本书从技术人工物的使用和设计角度对技术的功能的研究，能够对人们习以为常的很多技术活动经验做出新的阐释，揭示以往由认识笼统、含混、模糊造成的许多错误理解，并使以往的许多理论研究成果在一个更开阔的视域中呈现出新的意义和价值，这是很难得的。本书的研究思路和方法，对于技术哲学和工程哲学研究工作者具有重要的借鉴和启发意义。

第二，对于专业的工程技术人员而言，阅读本书也是了解工程技术哲学，提高自身的理论素养的有效途径。很多工程技术人员认为哲学思维与自己的工程技术专业实践无关，技术活动中不存在值得重视的哲学的或思维方法的问题。通过阅读本书可以看到，技术活动中的使用、设计、计划和评价中的思想方法的问题远比想象的要复杂得多。工程技术人员在思想方法上的理论素养，往往是决定一个国家、行业、企业技术水平高低的一个隐形的但十分重要的因素。本书的内容有助于对这个问题的认识的进一步深化。

第三，在工程技术教育领域，本书可以为开展通识教育提供很有价值的教学资源。理工科教育的传统模式注重专业知识和技能的传授，很少对技术的功能、人工物的使用和设计这样的一般性理论问题进行专门的讨论。而缺少这样一些讨论，理工科学生对工程技术基本概念和原理的理解就容易停留在直观和经验的层次上，缺乏深刻的理解，进而影响其技术创新能力的形成。本书的内容比较适合用于开设诸如"工程技术概论""工程技术方法论"等通识课程。

出于这样一些考虑，我们得到大连理工大学科学技术研究院和人文与社会科学学部的大力支持，将这部译著列入"大连理工大学科技伦理与科技管理文库"。本书是中央高校基本科研业务费资助项目"5TU 科技伦理研究"

（DUT14RW303）的阶段性成果之一，同时也是国家社会科学基金重大项目"高科技伦理问题研究"（12&ZD117）的阶段性成果之一。本书译者刘本英是大连理工大学远程和继续教育学院英语教师。他完成了译稿初稿之后，我对译稿进行了修改加工。我们在翻译过程中，曾就一些关键性术语和观点的表述译法征求原作者之一彼埃得·弗玛斯研究员的意见，同他多次进行交流。在此我们向在本书翻译出版过程中给予帮助的各界人士致以衷心的感谢。

王　前

2014 年 4 月于大连理工大学